Matthias Bothe
Volker Nissen (Hrsg.)

SAP APO® in der Praxis

Aus dem Bereich IT erfolgreich nutzen

Matthias Bothe
Volker Nissen (Hrsg.)

SAP APO® in der Praxis

Erfahrungen mit dem Supply Chain Management-Werkzeug nutzen

Bibliografische Information Der Deutschen Bibliothek
Die Deutsche Bibliothek verzeichnet diese Publikation in der Deutschen Nationalbibliografie; detaillierte bibliografische Daten sind im Internet über <http://dnb.ddb.de> abrufbar.

ISBN 978-3-528-05833-3 ISBN 978-3-322-90812-4 (eBook)
DOI 10.1007/978-3-322-90812-4

1. Auflage April 2003

Der Vieweg Verlag ist ein Unternehmen der Fachverlagsgruppe BertelsmannSpringer.
www.vieweg-it.de

Konzeption und Layout des Umschlags: Ulrike Weigel, www.CorporateDesignGroup.de
Umschlagbild: Nina Faber de.sign, Wiesbaden
Druck- und buchbinderische Verarbeitung: Lengericher Handelsdruckerei, Lengerich

ISBN 978-3-528-05833-3

Vorwort

Supply Chain Management (SCM) hat sich zu einem der wichtigsten Themen in der Industrie entwickelt. Die SAP brachte 1998 mit dem Advanced Planner & Optimizer (APO) das Herzstück ihrer jetzigen Supply Chain Management Lösung mySAP SCM auf den Markt. Nach wie vor steht die Industrie noch am Anfang, die immensen Potenziale des Supply Chain Managements unter Einsatz der SAP Lösungen auszunutzen. Auf einer der zahlreichen Konferenzen rund um das Thema Supply Chain Management und APO ist bei einem Abendessen die Idee zwischen einigen der Autoren entstanden, einmal die Praxiserfahrungen mit dem APO zusammenzutragen und Interessierten in Form eines Buches zur Verfügung zu stellen. Nach fünf Jahren Erfahrung mit dem APO soll mit diesem Buch ein Beitrag zur Schließung der Lücke zwischen den IT-technischen Möglichkeiten einerseits und der Umsetzung in der Praxis andererseits geleistet werden. Eine Kernaussage hat sich im Laufe der Zeit herauskristallisiert:

Ein Supply Chain Management Projekt ist in erster Linie ein Reorganisations- und in zweiter Linie ein IT-Projekt.

Diese Aussage soll mit den nachfolgenden Beiträgen untermauert werden. Ein Charakteristikum des Buches ist es, dass jedes Kapitel in sich geschlossen gelesen werden kann. Die Kapitel in dem Buch führen

- von einer Einführung in das Supply Chain Management (Dr. Nissen),
- über die Funktionalität der SAP SCM Lösung mySAP SCM (Aldinger),
- einem Überblick über den APO Einsatz in unterschiedlichen Branchen (Bothe),

- zu fünf APO Praxisbeispielen. Anhand der Praxisbeispiele werden drei Supply Chains aus den vorher beschriebenen APO Szenarien herausgegriffen und näher beleuchtet:
    - o die Optimierung der Automotive Supply Chain anhand der APO Einführung
        - bei Mahle (Fackovic) und
        - ZF Sachs Handel (Scheuring),
    - o die Optimierung der Aluminium Herstellung und Weiterverarbeitungs-Supply Chain anhand der APO Einführung bei Hydro Aluminium in den Bereichen
        - Flexible Packaging (Träger) und
        - Primary Material (Högner),
    - o und abschließend die Optimierung der Konsumgüter Supply Chain anhand der APO Einführung bei einem Markenartikelhersteller (Dr. Ketterer).

Der Leser oder die Leserin wird somit auf verschiedenen Detailebenen an die APO Projekte herangeführt (Abbildung 1). Abschließend werden zusammenfassend aus unserer Erfahrung die zehn wichtigsten Empfehlungen für eine erfolgreiche SCM Einführung mit dem APO aufgeführt.

Abbildung 1: Struktur des Buchs

Hat der Leser oder die Leserin schon Erfahrung mit Supply Chain Management gesammelt und kennt die Funktionen des mySAP SCM sowie des APO, so empfiehlt sich in Kapitel drei (branchenübergreifender Überblick über die APO Szenarien) oder direkt in die APO Praxisbeispiele einzusteigen. Setzt man sich neu mit SCM und der SAP Lösung auseinander, geben die Einführungskapitel in das Supply Chain Management und die SAP Lösung mySAP SCM einen guten Einstieg.

An dieser Stelle möchten wir uns herzlichst bei den beteiligten Autoren für ihr Engagement bedanken: Kai Aldinger, Drazen Fackovic, Dieter Högner, Dr. Norbert Ketterer, Rainer Scheuring und Michael Träger.

Des weiteren gilt unser Dank Johannes Haab, der uns bei der technischen Gestaltung des Buches mit großem Einsatz unterstützt hat. Carsten Buri danken wir für die Hilfe beim Korrekturlesen des Manuskripts.

Schließlich danken wir dem Verlag Vieweg mit Reinhard Dapper und Dr. Reinald Klockenbusch für die angenehme und konstruktive Zusammenarbeit.

Wir wüschen Ihnen viel Spaß beim Lesen und hoffentlich viele Anregungen für die Optimierung Ihrer Supply Chain.

März 2003

Matthias Bothe Dr. Volker Nissen

Inhaltsverzeichnis

1 Einführung in das Supply Chain Management

Dr. Volker Nissen,
DHC Business Solutions GmbH

1.1 Zusammenfassung

Dieser Beitrag führt in kurzer Form in das Themengebiet Supply Chain Management (SCM) ein. Er dient als Grundlage für ein besseres Verständnis der nachfolgenden vertiefenden Beiträge. Zunächst wird auf Motivation und Inhalte des SCM eingegangen sowie auf Nutzeffekte und Kosten. Die anschließende Darstellung der SCM-Komponenten beschreibt überblickartig die Themen Supply Chain Planning, Supply Chain Execution, Supply Chain Coordination und Supply Chain Controlling. Anschließend werden Hinweise zur organisatorischen Verankerung des SCM gegeben. Es folgt eine Darstellung des SCOR-Modells als Beipiel für ein SCM-Referenzmodell. Den Abschluss bildet ein Überblick zu SCM-Werkzeugen der SAP AG.

1.2 Inhalt und Motivation des Supply Chain Management

1.2.1 Bedeutung und klassische Situation der Logistik

Aufgabe der Logistik in einem Unternehmen ist es, die Aktivitäten zu planen und zu koordinieren, um angestrebte Service- und Qualitäts-Niveaus zu den niedrigsten möglichen Kosten zu gewährleisten [Christopher 1998]. Bei der Erfüllung dieser Aufgabe ergeben sich unternehmens- und branchenübergreifend immer wieder vergleichbare Probleme der Unternehmenslogistik, beispielsweise:

- hohe Bestände binden Kapital und behindern Wachstum bei hohem Risiko aufgrund von Veralten oder Schwund der Produkte

- trotzdem oft keine zufriedenstellende Verfügbarkeit (falsche Bestände) und niedriger Lieferservice
- keine Transparenz auf der Dispositionsstufe, wo die Bestände tatsächlich beeinflusst werden können
- komplexe Lieferbeziehungen und keine Transparenz über die Lieferkette
- geringe Qualität der Absatzprognosen
- mangelnde Abstimmung zwischen Vertrieb und Produktion
- geringe Automatisierung der Planung
- Reagieren statt Agieren als wichtigste Handlungsmaxime

Funktionsgeprägtes Denken

Diese Probleme sind zum größten Teil Ergebnisse funktionsgeprägten Denkens in den betroffenen Unternehmen und inadäquater Werkzeugunterstützung der Logistik. Durch lokales Optimieren der einzelnen Abteilungen und mangelnde Abstimmung untereinander („Through-over-the-wall-Mentalität") wird das Gesamtoptimum verfehlt. Abbildung 1.1 illustriert am Beispiel eines Herstellers die Mauern zwischen den einzelnen Unternehmensbereichen und zu den externen Partnern.

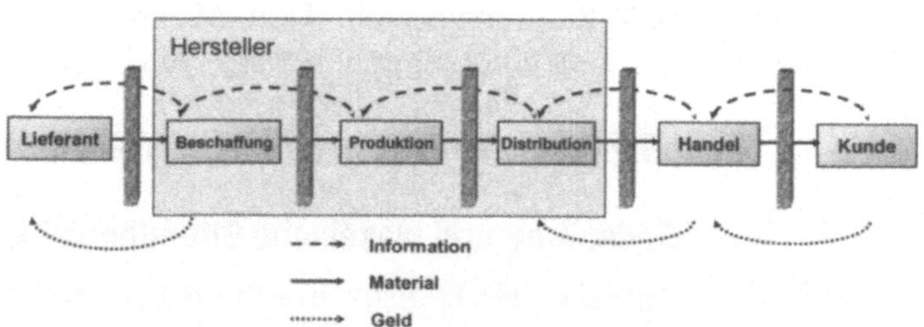

Abbildung 1.1: Funktionsorientiertes Denken baut Mauern auf (angelehnt an Bothe und Jörns [1998])

Bestände

Es kommt zum Aufbau von Beständen, welche die mangelhafte Abstimmung von Unternehmensbereichen untereinander sowie mit Lieferanten und Kunden verdecken. Bestände entstehen aber auch im Zusammenhang mit Qualitätsproblemen und störanfälligen Prozessen. Außerdem verdecken Bestände eine geringe Liefertermintreue der Lieferanten oder der eigenen Produktion oder eine niedrige

Flexibilität von Unternehmensbereichen. Aber hohe Bestände garantieren keinen hohen Kundenservice, da die Kunden nicht notwendigerweise jene Produkte nachfragen, die im Bestand verfügbar sind.

Gestiegene Anforderungen

Diese Situation ist angesichts veränderter Umweltbedingungen für Unternehmen immer weniger tragbar. Unternehmen bewegen sich heute in einem Spannungsfeld aus gestiegenen Anforderungen auf der Kundenebene, verkürzten Produkt- und Technologielebenszyklen bei gleichzeitig zunehmendem Wettbewerb und Kostendruck durch eine Globalisierung der Märkte. Die Leistungsfähigkeit der Logistik wird in gesättigten Märkten bei gestiegener Service-Sensitivität der Kunden zu einem wichtigen Differenzierungsfaktor. Gleichzeitig bildet gutes Logistikmanagement einen Ansatzpunkt, um Kostenvorteile zu erreichen. Im Idealfall verhilft eine gute Logistik zu einer Kosten- und Service-Führerschaft (Abbildung 1.2).

Abbildung 1.2: Differenzierungsmöglichkeiten durch Logistik (nach Christopher [1998, S. 8])

Europaweit beliefen sich die Logistikkosten 1999 auf geschätzte 450 Mrd. Euro, wovon je etwa ein Drittel auf Transport und Lagerwirtschaft entfielen und der Rest sich auf Bestandskosten, Auftragsabwicklung und Logistikadministration verteilt [Klaus, Müller-Steinfahrt 2000]. Verschiedene Autoren gehen von einem Kostensenkungspotenzial durch innovative Logistikkonzepte in Höhe von 5 bis 10% der Gesamtkosten aus [Zadek 2001; Wolff und Geiger 2001; Carstensen 2001]. Der Anteil der Logistikkosten an den Gesamtkosten schwankt derzeit je nach Branche zwischen 8,2% (Automobilindustrie) und 27,6% (Handel) [Baumgarten und Thoms 2002].

Logistik als strategischer Erfolgsfaktor

Logistik ist somit heute ein strategischer Erfolgsfaktor im globalen Wettbewerb, der aktives Management erfordert. Booz Allen Hamilton stellen dazu in einer breit angelegten Studie über die Situation der Logistik unter anderem fest [Schwarting 2002]:

- Dem heutigen Logistikmanagement vieler Unternehmen fehlt eine übergreifende wirtschaftliche Perspektive.
- In der Optimierung des fragmentarischen Logistikmanagements in den Unternehmen liegt ein erhebliches ökonomisches Potenzial.

Gleichzeitig wird jedoch das Wertschöpfungspotenzial verbesserter logistischer System vom Top-Management zunehmend erkannt. So belegt eine aktuelle Studie von Baumgarten und Thoms [2002], dass die organisatorische Verankerung der Supply-Chain-Verantwortung unabhängig von Branche und Unternehmensgröße eine Konsolidierung im Top-Management der Unternehmen erfährt.

1.2.2 Supply Chain Management

Viele Unternehmen beschäftigen sich derzeit mit der Einführung von Supply Chain Management (SCM) Konzepten. Der Begriff SCM wird in der Literatur nicht immer einheitlich definiert. Christopher [1998] legt beispielsweise den Fokus auf das Management der externen Unternehmensbeziehungen. Dabei wird die Wettbewerbsfähigkeit der Supply Chain als Ganzes betrachtet. Einzelinteressen von Unternehmen stehen dahinter zurück.

"[SCM is] the management of upstream and downstream relationships with suppliers and customers to deliver superior customer value at less cost to the supply chain as a whole." [Christopher 1998]

Def. SCM

Supply Chain Management soll hier verstanden werden als die meist systemgestützte Planung, Integration, Optimierung und Koordination der Material- und Informationsflüsse über die gesamte Wertschöpfungskette vom Rohstofflieferanten bis zum Endkunden, wobei Abteilungen innerhalb von Unternehmen ebenso einbezogen werden wie externe Partner. Von den bei einigen Autoren ebenfalls einbezogenen Finanzströmen wird hier abstrahiert.

Ziele des SCM

Oft genannte Ziele des SCM bestehen in reduzierten Bestandskosten, kürzeren Durchlaufzeiten und einer verkürzten Time-to-Market, gesteigertem Lieferservice und höherer Kundenbindung durch optimalen Service am Point-of-Sale, besserer Ressourcenauslastung sowie höherer Planungsgenauigkeit und Planungseffizienz.

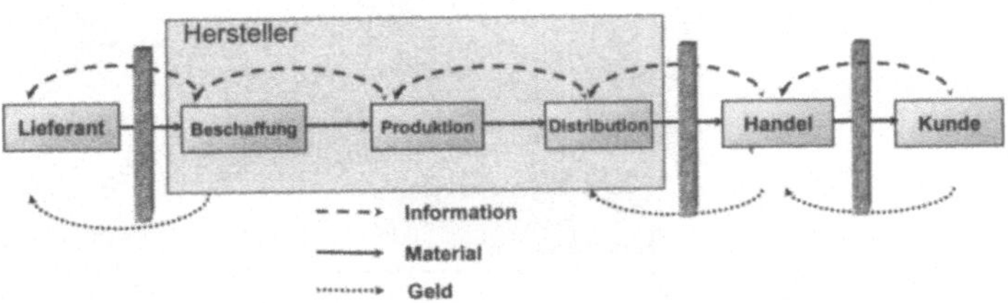

Abbildung 1.3: Unternehmensbezogene Integration von Logistikprozessen (angelehnt an Bothe und Jörns [1998])

SCM ist trotz intensiver Diskussion heute keineswegs Unternehmensalltag, wie eine aktuelle Studie belegt [Baumgarten und Thoms]. Der Fokus bisheriger SCM-Projekte liegt noch auf einer Optimierung der unternehmensinternen Prozesse. Durch mehr Planung und die bessere Integration der Prozesse in Beschaffung, Produktion und Distribution werden interne Bestände abgebaut und Bestandskosten gesenkt ohne Liefersicherheit zu verlieren. Überhöhte Bestände bestehen aber weiterhin an den Schnittstellen mit Lieferanten und Abnehmern, um so mangelnde Koordination aufzufangen (Abbildung 1.3).

Bullwhip-Effekt

Bei mehrstufigen Supply Chains besteht heute ein Kernproblem darin, dass für Partner relevante Informationen zwischen den Stufen der Kette unvollständig, verändert und mit Zeitverzug weitergegeben werden. So entsteht ein Unsicherheitspotenzial für das einzelne Unternehmen. Die mangelhafte Abstimmung führt zum sogenannten Bullwhip-Effekt und dem Aufbau von Beständen an den externen Schnittstellen. Der Bullwhip (oder Peitschen)-Effekt bezeichnet eine sich Supply-Chain aufwärts verstärkende Zunahme von Bedarfsschwankungen trotz nur geringer Schwankungen auf der Endnachfragerebene [Lee et al. 1997]. Abbildung 1.4 illustriert diesen Effekt.

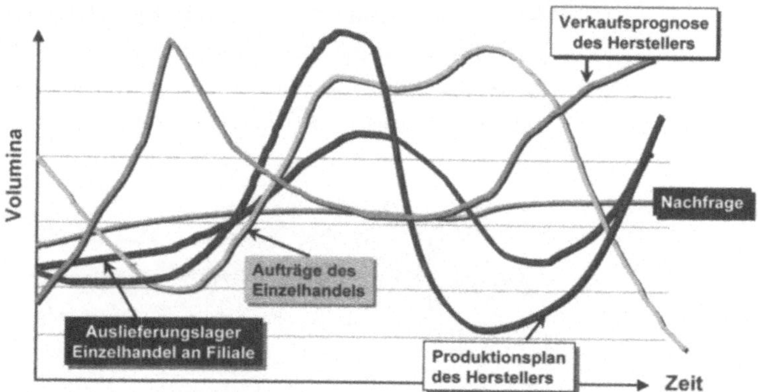

Abbildung 1.4: Bullwhip-Effekt (nach einem Beispiel in Mc Guffry [1998])

Die Reduzierung des Bullwhip-Effektes ist ein wichtiges Ziel des SCM. Dieses Ziel kann nur durch eine unternehmensübergreifende Abstimmung der Partnerunternehmen innerhalb derselben Supply Chain erreicht werden (Abbildung 1.5).

Eine genau abgestimmte Steuerung der Abläufe zwischen den Ebenen in der Supply Chain ist unter anderem auch deswegen notwendig, weil sich bei steigender Produktkomplexität und Variantenvielfalt gleichzeitig die Produktlebenszyklen verkürzen. Notwendige Voraussetzung für unternehmensübergreifendes SCM ist ein vertrauensvolles und auf dauerhafte Zusammenarbeit angelegtes Verhältnis der Supply Chain Partner. Technisch wird eine engere Integration der Planungs- und Informationssysteme zwischen den Unternehmen notwendig.

Zusammenarbeit

Beispiele für eine intensivere Zusammenarbeit zwischen Hersteller und Kunden sind gemeinsame Absatzpläne, optimierte Sortimente, Promotionsaktionen und Neuprodukteinführungen. Beispiele für eine engere Zusammenarbeit zwischen Hersteller und Lieferanten sind Vendor Managed Inventory (VMI), Collaborative Design und eine Synchronisierung der Produktion.

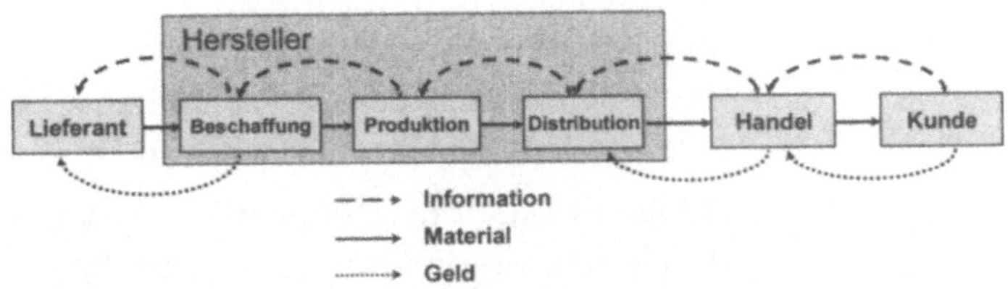

Abbildung 1.5: Unternehmensübergreifende Integration der Logistikprozesse (angelehnt an Bothe und Jörns [1998])

Übergreifendes SCM

Im Rahmen eines solchen übergreifenden SCM haben Bestände nicht mehr die Aufgabe, Ineffizienzen und mangelnde Abstimmung zu verdecken, sondern Bestände existieren nur noch in Form geplanter Lagerhaltung, um optimalen Kunderservice bei vertretbaren Kosten zu gewährleisten. Die gesamte Supply Chain richtet sich darauf aus, Kundenbedürfnisse schnell und optimal zu befriedigen, Änderungen im Markt rasch zu erkennen sowie flexibel und zeitnah darauf zu reagieren. Hierin kommt zum Ausdruck, dass sich in den vergangenen Jahren branchenübergreifend ein Wechsel vom Verkäufermarkt (Push-Prinzip) zum Käufermarkt (Pull-Prinzip) vollzogen hat.

Trends

Eine Untersuchung der TU Berlin zeigt daraus resultierend drei Haupttrends in der Logistik auf, die Unternehmen gegenwärtig prägen [Baumgarten und Walter 2001]:

- Bildung globaler Netzwerke in Beschaffung, Produktion und Distribution
- zunehmende Kundenorientierung und Integration der Kunden in alle Prozessketten

- steigende Nutzung des Internets bei der Gestaltung elektronischer Geschäftsprozesse

Internet-technologie

Die Internettechnologie ermöglicht heute eine umfassende und vergleichsweise kostengünstige informationstechnische Vernetzung von Logistikprozessen mit breit zugänglichen Standardtechnologien wie TCP/IP und XML. Klassische Formen des elektronischen Datenaustausches (EDI) lassen sich einbinden. Mit Hilfe des Internets wird es möglich, die unterschiedlichen Informations- und Kommunikationssysteme in den Unternehmen einer Wertschöpfungskette daten- und prozesstechnisch flexibel zu integrieren, um eine enge Koordination zu erleichtern.

Heute erfolgt die Steuerung der Supply Chain vorrangig durch das dominierende Unternehmen (z.B. den OEM in der Autombilindustrie). Die zu beobachtende Skepsis und Zurückhaltung bei der unternehmensübergreifenden Optimierung von Logistikprozessen wird vor allem genährt durch die ungeklärte Frage des Cost-Benefit Sharings und der Notwendigkeit, unternehmensspezifische und zum Teil sensible Steuerungsdaten offenzulegen [Baumgarten und Thoms 2002].

Es ist wichtig, zu erkennen, dass SCM für Unternehmen einen Evolutionsprozess darstellt. Man kann mindestens folgende vier Stufen innerhalb dieses Evolutionsprozesses unterscheiden:[1]

- **Stufe 1**:
  Funktional orientiertes Unternehmen
- **Stufe 2**:
  Unternehmensinterne Optimierung
- **Stufe 3**:
  Unternehmensübergreifende Optimierung
- **Stufe 4:**
  Adaptive Logistik-Netzwerke

---

1 Weitere Stufenkonzepte findet man z.B. in Tappe und Mussäus [1999] sowie Poirier und Bauer [2001].

	Stufe 1: Funktional orientiertes Unternehmen	**Stufe 2:** Unternehmens-interne Optimierung	**Stufe 3:** Unternehmens-übergreifende Optimierung	**Stufe 4:** Adaptive Logistik-Netzwerke
Strategie	Bereichsdenken	interne Integration	übergreifende Integration	Adaptivität
Fokus	Abteilung	Unternehmen	Supply Chain	Supply Chain
Hauptziele im SCM	standortbezogene Optimierung	standortübergreifende Optimierung	unternehmens-übergreifende Umsetzung Pull-Prinzip	rasche Anpassung an Veränderungen
Organisatorische Ausrichtung	funktional	interne Prozesse	unternehmens-übergreifende Prozesse	Community
Bedeutung der Logistik	Erfüllungsgehilfe	Mittel der Kostenoptimierung u. Qualitätssteigerung	integratives Element	Strategische Waffe
Handlungs-ebenen / Planungshoriz.	operativ	taktisch, operativ	strategisch, taktisch, operativ	strategisch, taktisch, operativ
wichtigste Logistik-Kennzahl	Liefersicherheit	Bestandskosten	Time-to-Market	Reaktionszeit der Supply Chain
IT-Ausrichtung in der Logistik	individuelle Systeme	Konsolidierung	Collaboration	Automatisierung, Agenten-Technologie
Werkzeug des SC-Planning[2]	MS Excel	Advanced Planning System (APS) (unternehmensbezogen)	Point-of-Sale getriebene Supply Chain Planung mit APS	weitmöglichstes Ersetzen der Planung durch Flexibilität
Werkzeug der SC-Execution[2]	MRP, Eigenentwicklungen	ERP-System	ERP, SRM, CRM	zusätzlich: SCEM bzw. SCM-Leitstand

Tabelle 1.1: Stufen der Supply Chain Optimierung und Merkmale von Unternehmen auf diesen SCM-Stufen

[2] Supply Chain Planning und Supply Chain Execution werden später erklärt.

In Abhängigkeit von der aktuellen Ausgangslage empfehlen sich für Unternehmen auf verschiedenen Stufen der Evolutionsleiter unterschiedliche Strategien für die Fokussierung der SCM-Aktivitäten und das weitere Vorgehen. So ist es beispielsweise m.E. wenig sinnvoll, bei einem funktionsorientiert ausgerichteten Unternehmen, dessen bisherige Planung hauptsächlich auf Microsoft Excel beruht, in einem Schritt die unternehmensübergreifende Prozessoptimierung anzustreben. Ein späterer Beitrag dieses Buches vertieft diese Thematik weiter. Tabelle 1.1 stellt die Evolutionsstufen des SCM und typische Merkmale von Unternehmen auf den einzelnen Stufen in einer Übersicht dar.

1.2.3 Nutzeffekte und Kosten von SCM

Die erzielbaren Nutzeffekte von SCM sind beträchtlich und wurden durch erste erfolgreiche Implementierungen in der Praxis bestätigt. Aus einer in [Becker und Greimer 1999] zitierten Benchmarking-Studie (1997) von Pittiglio, Rabin, Todd und McGrath (PRTM) zum integrierten SCM ergibt sich die folgende Nutzenquantifizierung:

Nutzenquantifizierung

- Erhöhung der Liefertreue 16-28 %
- Verminderung der Lagerbestände 25-60 %
- Verkürzung der Auftragsdurchlaufzeiten 30-50 %
- Erhöhung der Planungsgenauigkeit 25-80 %
- Steigerung der Produktivität 10-60 %
- Verminderung der Supply Chain Kosten 25-50 %
- Steigerung der Kapazitätsauslastung 10-20%

Nukleus-Unternehmen

Dabei wird betont, dass führende Unternehmen sich in der Regel über die interne Integration der Logistikprozesse hinausentwickelt und Kunden sowie Lieferanten in ihre Supply Chain integriert haben. Solche Unternehmen bezeichnen Poirier und Bauer [2001] als „Nukleus-Unternehmen“, da sie aufgrund ihrer Marktstellung und Innovationskraft die Führung beim Aufbau unternehmensübergreifender SCM-Prozesse übernehmen.

Ohne nähere Quantifizierung nennt die Logistikstudie von Baumgarten und Thoms [2002] folgende Potenziale des

Potenziale des SCM

SCM (Nennungen von mehr als 40% der befragten Unternehmen):

- Kostenreduzierung im Unternehmen
- Übergreifende Kostenoptimierung (in der Logistik und gesamt)
- Erhöhung der Lieferbereitschaft
- Transparenz in der Supply Chain
- Optimiertes Bestandsmanagement

Andererseits sind auch die Kosten für den Aufbau und Betrieb eines leistungsfähigen SCM erheblich. Neben Ausgaben für Hardware und Software-Lizenzen sind vor allem die Kosten externer Beratung, interne Personalaufwände und Kosten für Qualifikations- und Reorganisationsmaßnahmen zu berücksichtigen. Gemäß einer Studie von Forrester Research vom Mai 2002 geben US-amerikanische Konsumgüterhersteller pro Jahr mehr als 38 Mrd. US$ für Supply Chain Management aus [Paustian und Gnirke 2002]. Ein Fünftel bis ein Viertel der Investitionen im Bereich Logistik entfällt heute auf Informationstechnologie. SCM-Lösungen belegen dabei unter den IT-Investitionen mit Logistikbezug in Konsumgüterindustrie und Handel den Spitzenplatz [Baumgarten und Thoms 2002].

1.3 Komponenten des Supply Chain Management

1.3.1 Supply Chain Planning und Supply Chain Execution

Das Supply Chain Management kann in mehrere interdependente Teilbereiche gegliedert werden. Einen Gliederungsvorschlag zeigt Abbildung 1.6.

Supply Chain Planning

Supply Chain Planning bezeichnet die Planung und Optimierung logistischer Aktivitäten als Kernaufgabe des SCM. Darunter fallen neben den unternehmensinternen Aufgaben auch die oft als Supply Chain Collaboration bezeichnete Abstimmung der Planung mit Partnerunternehmen (Lieferanten, Dienstleister, Kunden).

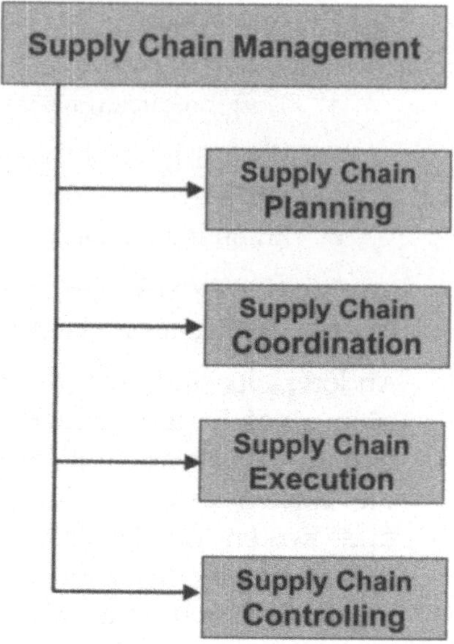

Abbildung 1.6: Komponenten des Supply Chain Management

Planungsebenen

Die Planung gliedert sich in mehrere, eng miteinander zu verzahnende Ebenen. Man kann, in Anlehnung an die Strukturierung im SAP APO und anderen SCM-Werkzeugen, mit abnehmender Fristigkeit unterscheiden:

- Strategische Logistiknetzwerkplanung
- Absatzplanung
- netzwerkweite Grobplanung (Produktion, Beschaffung, Transport)
- Produktionsfeinplanung und detaillierte Beschaffungsplanung
- operative Verteilungsplanung
- Transportplanung

Die Logistikplanung in den einzelnen Modulen eines Planungswerkzeuges wie des SAP APO erfolgt aufeinander abgestimmt, wobei die Ergebnisse der längerfristigen Planung jeweils als Input bzw. Vorgabe in die kurzfristigere Planung einfließen. So finden die langfristigen Absatzprognosen als Planbedarfe Eingang in die Grobplanung, deren

Ergebnisse wiederum im Rahmen der Feinplanung detailliert werden. Bestände und kurzfristig erwartete Zugänge werden später mit Hilfe der Funktionen Verteilungsplanung und Transportplanung im Logistiknetzwerk an die Bedarfsverursacher verteilt. Die logische Abfolge der einzelnen Planungsschritte verdeutlicht Abbildung 1.7.

Abbildung 1.7: Typische Ebenen des Supply Chain Planning und ihr ungefährer Zeithorizont

Aufgrund der hohen Komplexität einer integrativen Planung und Optimierung der Bereiche Beschaffung, Produktion und Distribution erfordert das Supply Chain Planning geeignete Werkzeuge. Der Beitrag von Aldinger in diesem Buch geht hierzu auf Einzelheiten am Beispiel des SAP Advanced Planner & Optimizer ein.

Integration Supply Chain Execution

Neben der Integration verschiedener Planungsebenen ist die Integration von Supply Chain Planning und Supply Chain Execution (Umsetzung) sehr wichtig für die Effektivität des SCM. Das bedeutet, es muss sichergestellt werden, dass auf Seiten der Planung stets die aktuelle Ist-Situation als Planungsgrundlage verfügbar ist. Gleichzeitig müssen die Planungsergebnisse, wie Planaufträge und Bestellanforderungen, zur Umsetzung effizient an die Ausführungsseite übermittelt werden können. Dazu ist eine Online-

Verbindung zwischen dem Planungssystem und dem ausführenden System (bei SAP das R/3) empfehlenswert. Nähere Angaben enthält der Beitrag von Aldinger in diesem Buch. Abbildung 1.8 verdeutlicht einige typische Aufgaben der logistischen Teilbereiche in der Umsetzung.

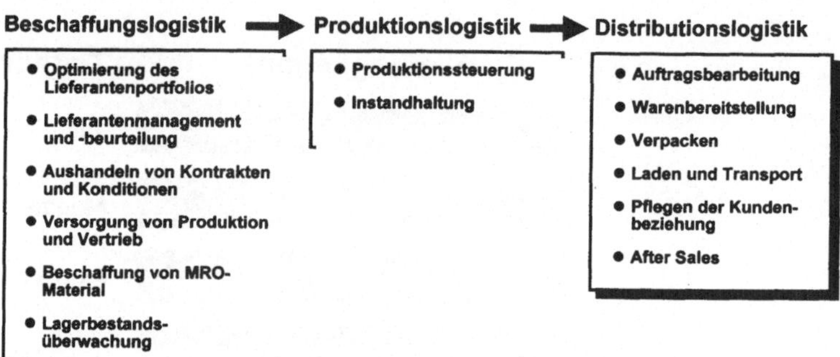

Abbildung 1.8: Die drei logistischen Teilbereiche mit typischen Aufgaben der Supply Chain Execution

1.3.2 Supply Chain Coordination

Obwohl sich der Begriff „Supply Chain" durchgesetzt hat, wäre es eigentlich angemessener, von „Supply Networks" zu sprechen, denn unsere Wirtschaft ist netzwerkgetrieben. Im Zuge einer Konzentration auf ihre jeweiligen Kernkompetenzen verlagern viele Unternehmen immer mehr Wertschöpfung auf Lieferanten und Logistikdienstleister. Gerade die Logistik wird zwar meist als erfolgskritisch eingestuft, gehört aber oft nicht zur Kernkompetenz von Unternehmen. Bis zu 50% der Logistik-Leistungen in Industrie und Handel werden daher heute bereits von externen Dienstleistern erbracht [Baumgarten und Thoms]. Dabei stehen als weitere Ziele Kostensenkung, Vermeidung von Investitionen und Serviceverbesserung im Vordergrund. Untersuchungen belegen, dass der Trend zum Outsourcing auch in Zukunft anhalten wird [Hartwig 1999, HypoVereinsbank 2000].

Hinzu tritt eine Globalisierung im Bereich der Zuliefer- und Distributionsnetze. Wertschöpfung entsteht somit immer mehr in komplexen Netzwerken. Gleichzeitig hat auch die

Volatilität auf der Nachfrageseite zugenommen. Diese Faktoren machen effizientes und proaktives Logistik Netzwerkmanagement unverzichtbar.

Fourth Party Logistics

Eine globale Supply Chain effizient zu managen erfordert große Expertise und Flexibilität. Neben qualifizierten Mitarbeitern werden auch hohe Anforderungen an die Prozessgestaltung und an die unterstützenden IT-Systeme gestellt. Viele Unternehmen sind damit überfordert. Hier liegt ein Markt für neue Logistik-Dienstleister, welche die Rolle eines Supply Chain Integrators übernehmen. Ein solcher Dienstleister wird als Fourth Party Logistics (4PL) Anbieter bezeichnet:

Fourth Party Logistics ist eine Form des Logistik-Outsourcing. Ein 4PL-Anbieter übernimmt die führende Rolle bei der Integration und Koordination komplexer Supply Chains. Er hat die Fähigkeit, alle Aufgaben der unternehmensübergreifenden wie auch unternehmensbezogenen Logistik anzubieten. Diese können die Planung, Umsetzung und Überwachung logistischer Aktivitäten betreffen. Dabei verbindet der 4PL eigene Fähigkeiten und Ressourcen mit denen seiner Kunden sowie komplementärer Dienstleister zu einer kundenindividuellen Gesamtlösung für das Supply Chain Management.

Die oft geforderte Neutralität im Sinne des Verzichts auf den Einsatz eigener Ressourcen wird als keine zwingende Voraussetzung für einen 4PL angesehen. Letztlich bedeuten eigene Kapazitäten für den 4PL-Kunden eine zusätzliche Sicherheit, die im Einzelfall vom Kunden höher bewertet werden kann als Neutralität [Nissen und Bothe 2002]. Kennzeichnend für 4PL-Anbieter sind dagegen Kompetenz in Geschäftsprozessoptimierung und übergreifendem Ressourcenmanagement sowie der massive Einsatz von Informationstechnologien zur Integration und Koordination der Partner im Netzwerk.[3]

Grundlegende Voraussetzung für proaktives Handeln in Logistik-Netzwerken und die Koordination der Aktivitäten

[3] Nähere Einzelheiten zum Thema 4PL siehe Nissen und Bothe [2002].

zahlreicher Partner ist die zeitnahe Verfügbarkeit wesentlicher Informationen. Es geht darum, eine Brücke zwischen Supply Chain Planning und Supply Chain Execution aufzubauen, die potenziell alle Netzwerkpartner einbezieht. Diese Komponente des SCM soll als Supply Chain Coordination bezeichnet werden. Informationstechnische Lösungen für diesen Bereich werden gegenwärtig unter den Begriffen Supply Chain Event Management (SCEM) [Wieser und Lauterbach 2001, Nissen 2002] bzw. SCM-Leitstand [Nissen 2003] intensiv diskutiert. SAP hat SCEM in seine mySAP SCM-Lösung integriert.

SCEM

SCEM ist ein Konzept, mit dem Ereignisse innerhalb eines Unternehmens und zwischen Unternehmen erfasst, überwacht und bewertet werden.[4] Im Mittelpunkt steht die unternehmensübergreifende Sichtbarkeit kritischer Supply Chain Objekte (z.B. Kundenaufträge, Lieferungen, Paletten, Container). Um Probleme frühzeitig erkennen und beheben zu können, werden routinemäßig und automatisiert Daten zahlreicher Messpunkte entlang des gesamten Logistik-Netzwerkes erfasst und ausgewertet. Dabei nehmen automatische Identifikations-Verfahren zur kontaktlosen Übertragung von Daten an Bedeutung zu (RFID-Systeme = Radio-Frequency Identification).[5]

Langfristige Auswertungen dieser Informationen ermöglichen es, Trends und systematische Probleme zu erkennen. Das wiederum ist die Grundlage für kontinuierliche Verbesserung.

Supply Chain Event Management beinhaltet die folgenden Teilaspekte [Knickle 2001]:

- Measure: Performance des Logistik-Netzwerkes messen, vergleichen und auswerten
- Monitor: Überwachung von relevanten Ereignissen im Netzwerk in Echtzeit

[4] Weitere Details zum Thema SCEM siehe Nissen [2002].

[5] RFID-Systeme sind gut verständlich dargestellt in Mühlbauer [2002].

- Notify: Proaktive Benachrichtigung über besondere Vorkommnisse
- Simulate: Aufbau von Szenarien als Hilfsmittel einer fundierten Entscheidungsfindung
- Control: Steuernder Eingriff in die Logistik-Prozesse

Monitor und Notify

Die Aspekte Simulate und Control sind heute bereits in SCM-Planungswerkzeugen, wie SAP APO realisiert. Der Aspekt Measure wird über Data Warehouse Applikationen wie SAP BW unterstützt. Dagegen stellen Monitor und Notify den innovativen Kern des SCEM dar. Die allgemeine Grundstruktur einer SCEM-Lösung für die Aufgaben Monitor und Notify verdeutlicht Abbildung 1.9.

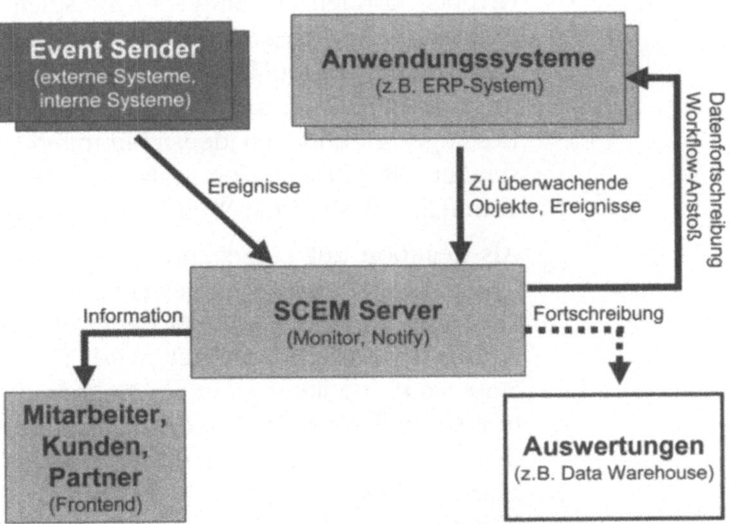

Abbildung 1.9: Zusammenspiel der SCEM-Komponenten im Bereich Monitor und Notify [Nissen 2002]

Die im SCEM zu überwachenden Objekte (z.B. Lieferung, Container) werden in Anwendungssystemen IT-technisch angelegt und an den SCEM-Server übermittelt. Dort werden sie in geeigneter Form repräsentiert, ebenso wie die Meilensteine (Expected Events) im Lebenszyklus der Objekte. Externe oder interne Event Sender, also beispielsweise eine

Warenannahme oder ein ERP-System, übermitteln später Nachrichten zu dem laufenden Prozess an das Event Management. Dabei muß die Anbindung heterogener DV-Landschaften sowie unterschiedlicher Transportmodi (Wasser, Land, Luft) gewährleistet sein. Auf Basis der Feststellung, dass:

- geplante Ereignisse eintreten (z.B. Abholung einer Ware an der Rampe),
- ungeplante Ereignisse eintreten (z.B. LKW steht im Stau),
- geplante Ereignisse nicht eintreten (z.B. keine Rückmeldung vom Spediteur),

Workflows

überprüft das SCEM dann, ob Personen benachrichtigt und Workflows angestossen werden müssen. Ereignisse (Events) können vielfältig sein. Beispiele sind Standortmeldungen, Ausnahmeereignisse (z.B. Unfall), Änderungen der Objektidentifikation (z.B. durch Verpacken), Messwertmeldungen (z.B. Füllstand), Vollzugsmeldungen (z.B. Lieferbestätigung) und Schadensmeldungen. Die Erfassung geschieht oft automatisiert (z.B. Scanner), kann aber auch manuell, z.B. über ein Web-Frontend erfolgen.

Als Reaktion auf eingehende Nachrichten kann im SCEM-Server beispielsweise eingestellt sein, dass bei verspäteter Lieferung von Produktionsmaterial ein Hinweis an die Fertigungssteuerung übermittelt wird. Die Meldung „LKW im Stau" vom Spediteur kann zur Neuberechnung der erwarteten Ankunftzeit beim Kunden führen und zur anschließenden Benachrichtigung eines hinterlegten Personenkreises. Ein entscheidender Nutzen des SCEM liegt darin, flexibel hinterlegen zu können, welche Ereignisse in welchem Zusammenhang als Ausnahmen betrachtet und besonderes behandelt werden müssen. Die Prozessüberwachung erfolgt dann automatisiert („Red Flag"-Funktion) und entlastet dadurch den Disponenten. Gleichzeitig erlaubt die Integration des SCEM in Anwendungssysteme wie SAP R/3, automatisiert Workflows anzustoßen, sobald die dafür definierten Bedingungen eintreten.

Bereits in der Entwicklung ist die Integration von intelligenten Software-Agenten in das SCEM [Kammerer 2002]. Sie sollen eingesetzt werden, um

- Ereignisse in Echtzeit in heterogenen Systemlandschaften und über Unternehmensgrenzen hinweg automatisiert zu überwachen
- durch permanente, selbständige Evaluation die besten Handlungsalternativen zu identifizieren und im Rahmen dezentraler Entscheidungsfindung auszuführen
- in einer Mischung aus Bottom-up/Top-down Optimierungsprinzipien lokale Ziele mit den Gesamtzielen des Netzes zu harmonisieren. Das Ziel sind adaptive Logistik-Netzwerke, die selbständig Veränderungen erkennen, bewerten und darauf reagieren

Eine Studie von AMR Research unter mehr als 100 CIOs von Unternehmen mit einem Jahresumsatz über £500 Mio. zeigt, dass zwei Drittel bereits damit beschäftigt sind oder fest geplant haben, SCEM-Lösungen einzuführen. In der Praxis überwiegen heute dagegen noch passive Track&Trace-Systeme (z.B. Suchen einer Sendung anhand der Sendungsnummer via Internet Browser), die nur einen kleinen Teil der SCEM-Funktionalität beinhalten und kein proaktives Netzwerkmanagement unterstützen. Ein durchgängiger Informationsfluss über die Supply Chain hinweg ist zur Zeit meist nicht gegeben [Stölzle 2002]. Datenaustausch in der Supply Chain erfolgt heute vor allem in Form von Auftragsdaten und Lieferabrufen. Andererseits gibt die Supermarktkette Sainsbury an, durch Integration mit ihren Lieferanten im Rahmen von SCEM bisher Einsparungen in Höhe von £2,5 Mio realisiert zu haben [Lee 2001].

1.3.3 Supply Chain Controlling

Das Supply Chain Controlling hat als Überwachungsinstrument eine unterstützende Funktion im SCM. "What gets measured, gets managed!" ist die Grundphilosophie hinter dem Supply Chain Controlling. Es unterstützt sowohl strategische Management-Entscheidungen, z.B. die Gestaltung des Distributionsnetzwerkes, als auch operative Fragestellungen des Supply Chain Management durch Soll-Ist-

Vergleiche. Dabei sollten nicht nur unternehmensinterne Logistik-Prozesse im Fokus sein, sondern es gilt, die Effizienz der gesamten Supply Chain zu steigern. Heute ist dies in der unternehmensübergreifenden Form kaum anzutreffen. Gründe liegen in der notwendigen Offenlegung sensibler Unternehmensdaten und der hohen Komplexität der Aufgabenstellung. Andererseits wäre es für die Umsetzung des SCM sehr wichtig, durch eine permanente und übergreifende Analyse von Kosten und Nutzen des SCM Transparenz für alle Beteiligten der Supply Chain herzustellen, um Vertrauen zu schaffen und Erfolge gerechter zu verteilen.

Logistik-Performance

Der Begriff Controlling sollte im SCM nicht primär finanzwirtschaftlich interpretiert werden. Vielmehr treten neben die finanzwirtschaftlichen Ziele weitere Zielsetzungen aus dem Bereich der Logistik-Performance. Hier bietet sich die unternehmensindividuelle Entwicklung einer Balanced Scorecard [Kaplan und Norton 1997] für das SCM an. Balanced Scorecards sind ein vor allem in den USA häufig implementiertes Instrumentarium, um die Zielerreichung einzelner Unternehmensbereiche effektiver zu überwachen und im Sinne der Unternehmensziele zu verbessern.

Scorecard

Abbildung 1.10 zeigt ein Beispiel aus der Logistik. Charakteristisch für den Scorecard-Ansatz sind die vier verschiedenen Perspektiven, wobei diese nicht unabhängig voneinander sind:

- Finanzperspektive: Kennzahlen, die direkt auf das Unternehmensergebnis wirken
- Interne Prozessperspektive: Kennzahlen zur Leistungsfähigkeit der Unternehmensprozesse
- Externe Kundenperspektive: Kennzahlen zur Leistungsfähigkeit des Unternehmens aus Sicht des Marktes
- Entwicklungsperspektive: Kennzahlen, die das Potenzial des Unternehmens für zukünftige Anforderungen ermitteln

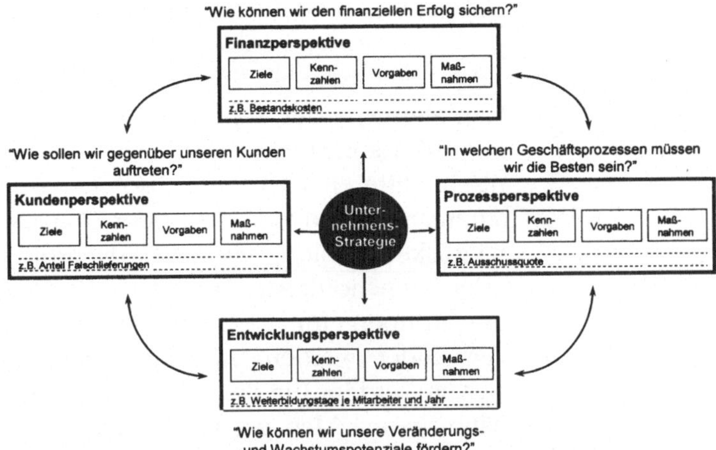

Abbildung 1.10: Die vier Balanced Scorecard-Perspektiven und ihre Beziehungen am Beispiel der Logistik (angelehnt an: The Balanced Scorecard Collaborative Inc.)

In jeder Perspektive wird die Zielerreichung mit Hilfe geeigneter Kennzahlen gemessen. Diese müssen mit Vorgabewerten versehen werden, die sich aus den strategischen Zielen des Unternehmens ableiten. Um diese Vorgaben zu erreichen, sind geeignete Maßnahmen zu implementieren. Balanced Scorecards sollten auf verschiedenen Unternehmensebenen hierarchisch zusammenhängend konstruiert werden. So lassen sich strategische Ziele für die einzelnen Unternehmensbereiche operationalisieren.

Entwicklung einer Balanced Scorecard

Um eine Balanced Scorecard im Bereich des SCM zu konstruieren, kann man wie folgt vorgehen [Christopher 1998]:

- Logistik- und SCM Strategie festlegen: Wie trägt die SCM-Strategie zu den übergeordneten Unternehmenszielen bei?
- Was sind die messbaren Ergebnisse des Erfolgs? Besser, schneller und billiger: überlegene Qualität, erreicht in kürzerer Zeit und zu geringeren Kosten für die gesamte Supply Chain ist die Triade verbundener Ziele.
- Welche Prozesse beeinflussen diese Ergebnisse? Welche Prozesse führen zu perfekter Auftragserfüllung, kürzeren Duchlaufzeiten und reduzierten Kosten?

- Was sind die Erfolgsfaktoren in diesen Prozessen? Diese Aktivitäten stellen die Basis dar zur Ableitung der zentralen Logistikkennzahlen (Key Performance Indicators).

Logistik-Kennzahlen

Kernelemente des Supply Chain Controlling sind geeignete Logistik-Kennzahlen. Hierbei kann man einerseits technisch differenzieren in absolute Kennzahlen, wie z.B. summarische Lagerkosten oder Transportkosten, und Verhältniskennzahlen, wie z.B. dynamische Lagerreichweite oder Transportkosten pro Auftrag. Beide Kennzahlvarianten können für Zeitreihenvergleiche und Zielvorgaben verwendet werden. Absolute Kosten-Kennzahlen eignen sich außerdem für die Budgetplanung, während sich Verhältniskennzahlen gut für Benchmark-Vergleiche heranziehen lassen.

Zwischen Logistik-Kennzahlen können Abhängigkeiten bestehen, die beachtet werden müssen. So sollten Zielvorgaben für Bestandshöhen möglichst in Form dynamischer Reichweiten und nicht als absolute Werte erfolgen, da hier ein Zusammenhang zum geplanten Absatz besteht. Der angestrebte eigene Lieferbereitschaftsgrad muss in Verbindung gesehen werden z.B. mit der Termintreue der eigenen Produktion und jener der Lieferanten sowie mit den Möglichkeiten der Produktsubstitution.

Hinsichtlich der inhaltlichen Ausgestaltung eines Logistik-Kennzahlsystems gibt es zahlreiche unterschiedliche Vorschläge. Ein Beispiel enthält der Abschnitt zum SCOR-Modell. Es gilt, jene Indikatoren zu identifizieren, die stark mit dem Erfolg des Unternehmens gekoppelt sind. Einige typische Kenngrößen sind:

Bereich Qualität:

- Lieferbereitschaftsgrad
- Liefertermintreue bzw. Kundenwunschtermintreue

Bereich Kosten/Bestände:

- Dynamische Bestandsreichweite (Days of Supply)
- Lagerbestände der Fertigwaren und Halbfabrikate zu Herstellkosten

Bereich Geschwindigkeit:

- Durchlaufzeit in der Fertigung
- Cash-to-Cash Zykluszeit (Zeitspanne, die vergeht, bevor eine für Produktionsmaterial getätigte Ausgabe als Verkaufserlös wieder in das Unternehmen zurückfließt)

Bereich Effizienz:

- Anteil der Rüstkosten an den Produktionskosten
- Anteil der Liegezeiten an der Durchlaufzeit

Grundsätzlich ist es sinnvoll, neben gesamtunternehmensbezogenen Kennzahlen (z.B. Bestandskosten als Prozentsatz vom Umsatz) für die logistischen Teilbereiche eigene Kennzahlen zu definieren. Kennzahlen, die der Steuerung einer gesamten Supply Chain dienen, sind bisher wenig gebräuchlich, werden in Zukunft aber an Bedeutung gewinnen. Ein Beispiel für eine solche Kennzahl ist die Supply Chain Zykluszeit, definiert als notwendige Zeit zur Erfüllung eines neuen Auftrages, wenn alle Bestände im eigenen Unternehmen und den vorgelagerten Supply Chain Stufen gleich Null wären.

Kennzahlsysteme und Balanced Scorecards des Supply Chain Controlling sollten stets unternehmensindividuelle Bedürfnisse berücksichtigen. Referenzssysteme, wie das später beschriebene SCOR-Modell, haben daher den Charakter eines Startpunkts für eigene Überlegungen.

Frühwarnsystem

Neben den Kennzahlen sind die eingesetzten Analysewerkzeuge und Methoden wesentlich für den Erfolg des Supply Chain Controlling. Neben seiner Funktion als Frühwarnsystem der Logistik muss das Supply Chain Controlling beispielsweise auch Werkzeuge zur Verfügung stellen, um initial Schwachstellen und Verbesserungspotenziale zu ermitteln, die anschließend mit geeigneten Maßnahmen beseitigt werden. Ein Konsumgüterhersteller wählte hierzu folgendes Drei-Schritt-Verfahren [Lux 2002]:

- Analysebereiche selektieren: Gezielte Eingrenzung des Analysebereiches auf Produkt-, Verantwortungs- und Zeitbereiche

- Problemfelder identifizieren: Bewertung des selektierten Bereiches mit festgelegten Methoden zur Identifizierung von Handlungsbedarfen (z.B. Bodensatzanalyse, Bestandssegmentierung)
- Details analysieren und Maßnahmen festlegen

Benchmarking

Nützlich für die Etablierung eines kontinuierlichen Verbesserungsprozesses in der Logistik ist es, durch kennzahlbasiertes Benchmarking Hinweise auf die eigene Leistungsfähigkeit im Vergleich mit anderen zu erhalten. Ein solches Benchmarking kann unternehmensintern, z.B. zwischen verschiedenen Standorten, aber auch extern im Vergleich mit den führenden Unternehmen einer Branche durchgeführt werden. Ein kritischer Punkt ist die exakte Definition und Vergleichbarkeit der Kennzahlen, die dem Benchmarking zugrundegelegt werden.

Benchmarking bildet eine gute Basis für Anstrengungen zur Geschäftsprozessoptimierung. Dazu muss jedoch die Bereitschaft bestehen, den gesamten Prozess und nicht nur sein Ergebnis zu benchmarken. Hierbei gilt es, in dem betrachteten Prozess (z.B. Kundenauftragsabwicklung) kritische Punkte zu identifizieren, die den gesamten Prozess stark beeinflussen. Dies sind die Stellen, wo Prozessüberwachung erforderlich ist und Benchmarking gegen Best-in-Class Lösungen signifikante Verbesserungen bringen kann. Dazu gehören auch die Schnittstellen zu Lieferanten und Kunden.

Angesichts der dynamischen Umfeldbedingungen für Unternehmen sollte Benchmarking kein einmaliger Vorgang sein, sondern regelmäßig durchgeführt werden, um nachhaltige Verbesserungen zu erzielen.

Abschließend noch der Hinweis, dass Benchmarking zwar Leistungsdefizite aufzeigt, aber keine konkreten Handlungsanweisungen zur Verbesserung liefert.

1.4 Supply Chain Organisation

Die Frage, wie eine Supply Chain unternehmensübergreifend optimal organisiert und gesteuert wird, ist derzeit auch in der Wissenschaft noch kaum bearbeitet. Baumgarten und Thoms [2002] stellen in ihrer Praxis-Studie dazu fest, dass derzeit die Komplexität der unternehmensübergreifenden Prozesse und der übergreifenden IT-Integration zu den wichtigsten Hindernissen von SCM gehören. Auch die ungeklärte Frage des Profit Sharing und die Angst vor der Preisgabe sensibler Unternehmensdaten behindern heute unternehmensübergreifendes SCM. Der Aspekt Supply Chain Organisation soll daher hier aus dem Blickwinkel der optimalen Logistikorganisation eines Unternehmens einschließlich seiner Schnittstellen zu Kunden und Lieferanten betrachtet werden.

In der Vergangenheit war ein Trend zur Dezentralisierung der Logistikplanung zu beobachten. Als Folge wurde oft das Gesamtoptimum verfehlt und lokale Optimierung einzelner Standorte und Bereiche betrieben. Heute verfügbare Supply Chain Management Werkzeuge, wie SAP APO, ermöglichen nun eine Gesamtoptimierung in der Logistik ohne zwingend die Organisation zu ändern. Dennoch sollten im Rahmen einer Einführung stets die Aufbauorganisation des Unternehmens und die aktuellen Geschäftsprozesse in der Logistik einer kritischen Überprüfung unterzogen werden.

Verankerung des SCM

Die Frage einer optimalen organisatorischen Verankerung des SCM muss unternehmensspezifisch festgelegt werden. Es gibt nicht eine für alle Unternehmen gleichermaßen „richtige" SCM-Organisation. Zu den Einflussgrößen, die zu berücksichtigen sind, zählen neben der Unternehmensgröße und Branche auch die bereits erreichte SCM-Evolutionsstufe, die Unternehmensstrategie (z.B. „First" oder „Follower"), der Grad des Outsourcings logistischer Aufgaben und die allgemeine Unternehmenskultur (hierarchisches Denken versus Teamorientierung).

Grundsätzlich kann man unterscheiden zwischen dem hierarchischen Ansatz und dem Coaching-Ansatz, um das Thema SCM organisatorisch anzugehen.

Coaching Ansatz

Im Rahmen des Coaching Ansatzes wird ein SCM-Manager als Stabsfunktion der Geschäftsführung geschaffen mit dem Ziel, die SCM-Philosophie im Unternehmen zu verankern.

Die klassische Gliederung der Logistikorganisation nach Beschaffung, Produktion und Distribution bleibt dabei zumindest vorerst erhalten, doch ändert der SCM-Manager durch Coaching der Verantwortlichen und Mitarbeiter die Art der Zusammenarbeit zwischen den logistischen Teilbereichen. Er trägt außerdem die Verantwortung für den Aufbau eines geeigneten SCM Controlling, um den Erfolg überwachen zu können. Im Idealfall macht der SCM-Manager sich nach einiger Zeit selbst überflüssig, wenn SCM dann von allen als Teamwork-Aufgabe verstanden und gelebt wird. Mitglieder von Vertrieb, Produktionsplanung, Beschaffung, Transport und Kostenrechnung, geleitet von speziell geschulten Integratoren, agieren als multifunktionale Teams, die beispielsweise für eine bestimmte Produktgruppe oder Kundengruppe verantwortlich sind.

Hierarchischer Ansatz

Beim hierarchischen Ansatz wird ein eigener organisatorischer Bereich für das SCM in der Unternehmenszentrale geschaffen, der die herkömmliche Organisation des Logistik-Management ergänzt oder neu ausrichtet. Er wird geleitet von einem Supply Chain Manager, der mit allen Kompetenzen für seinen Bereich ausgestattet ist. Er ist verantwortlich für die Struktur, Prozesse und Performance in der Supply Chain des Unternehmens und legt in Übereinstimmung mit den Unternehmenszielen die SCM-Strategie und Ziele der Logistik fest. Der Supply Chain Manager sorgt dafür, dass Ressourcen weltweit optimal eingesetzt werden und eine enge Integration mit Lieferanten und Schlüsselkunden stattfindet. Er führt eine Gruppe hochqualifizierter Mitarbeiter, deren Aufgaben vor allem in den Bereichen Planung, Koordination und Controlling der Supply Chain Aktivitäten liegen.

Die Logistik wird zum Treiber organisatorischer Veränderung. Notwendig ist der Aufbau einer prozessorientierten statt funktionsorientierten Unternehmensorganisation mit dem Ziel, End-to-End Prozesse zu managen und eine starke Marktorientierung zu gewährleisten. Sehr wichtig ist die Verankerung des Teamgedankens in den Entlohnungsmodellen und Anreizsystemen für Mitarbeiter. Das Ziel ist die Fokussierung der gesamten Organisation auf den effizienten Auftragsdurchlauf. Die Themen Logistik und SCM sollten dabei auf einer hohen Führungsebene verankert sein. Da sich die Unternehmensumwelt dynamisch ändert, muss die Logistik-Performance kontinuierlich durch geeignete Kennzahlen überwacht werden. Trotz formalisierter logistischer Prozesse ist bei den Mitarbeitern die Bereitschaft zur Reorganisation und Veränderung dauerhaft aufrechtzuerhalten.

Zentral	Dezentral
▪ Entscheidungen zur SCM-Strategie	▪ Vertriebsaktivitäten und Kundenpflege
▪ Optimierung des Logistik-Netzwerkes und Koordination der Prozesse	▪ Beschaffung und Auswertung von Marktinformationen
▪ Entscheidung zu Collaboration-Prozessen mit Lieferanten und Kunden	▪ Absatzplanung (für die Region)
▪ Supply Chain Controlling	▪ Detaillierte Produktionsplanung
▪ Zusammenführung der Absatzplanung	▪ Lagerverwaltung
▪ Netzwerkweite Grobplanung für Produktion und Transport	▪ lokale Belieferungssteuerung
▪ Globale Sourcing Entscheidungen	
▪ Rahmenplanung der Beschaffung	
▪ Globales Bestandsmanagement	

Tabelle 1.2: Aufteilung ausgewählter SCM-Aufgaben

Zentralisierung/ Dezentralisierung

Eine der Grundfragen im Bereich SCM-Organisation ist die Balance zwischen zentraler und lokaler Entscheidungsfindung. Obwohl es keine Universallösungen gibt, kann man doch einige generelle Prinzipien formulieren [Christopher1998]:

- Die Entscheidungen zur Struktur des Logistik-Netzwerkes und zur globalen Gesamtsteuerung logistischer Ströme müssen zwecks weltweiter Kostenoptimierung zentralisiert werden.
- Das Management und die Überwachung des Kunden-Service sollte lokal stattfinden, um die spezifischen Er-

fordernisse lokaler Märkte optimal berücksichtigen zu können.

- Mit den verstärkten Outsourcing-Aktivitäten nimmt der Bedarf an globaler Koordination zu.

Einen Vorschlag zur Aufteilung typischer SCM-Aufgaben enthält Tabelle 1.2.

SCM ist eine Philosophie, die im Unternehmen fest verankert werden muss, damit Erfolge sich dauerhaft einstellen. Referenzmodelle sind eine geeignete Basis, um prozessorientiertes Denken einzuführen und gleichzeitig auf bewährten Standards aufzusetzen. Das folgende Kapitel stellt mit dem SCOR-Modell ein weit verbreitetes Referenzmodell für SCM-Prozesse vor.

1.5 SCM-Referenzmodelle am Beispiel des SCOR-Modells

SCOR ist ein Akronym für Supply Chain Operations Reference Modell. Das SCOR-Modell ist ein branchenübergreifendes Referenzmodell für Standard Supply Chain Prozesse, das vom weltweit operierenden Supply Chain Council[6] laufend weiterentwickelt wird. Das Supply Chain Council ist eine Non-Profit Organisation, an der sich eine Vielzahl vor allem US-amerikanischer Unternehmen mehr oder weniger aktiv beteiligen. Grundsätzlich kann jedes Unternehmen gegen Zahlung einer Gebühr Mitglied werden und auf die Entwicklung des SCOR-Modells Einfluss nehmen.

Unserer eigenen Erfahrung nach kann das SCOR-Modell vor allem bei folgenden SCM-Aspekten helfen:

- Grobstrukturierung der eigenen Logistikprozesse auf Basis vormodellierter Komponenten
- Zuordnung von Logistik-Kennzahlen zu den Prozessen auf unterschiedlichen Aggregationsebenen
- Anhaltspunkte für Best Practice in den einzelnen Logistikprozessen
- Ableitung von IT-Werkzeugen, um die einzelnen Prozesse zu unterstützen

[6] http://www.supply-chain.org

SCOR Kernprozesse

SCOR unterscheidet fünf Kernprozesse, die wie folgt definiert sind (Abbildung 1.11)

- Plan: Processes that balance aggregate demand and supsupply to develop a course of action which best meets sourcing, production and delivery requirements.
- Source: Processes that procure goods and services to meet planned or actual demand.
- Make: Processes that transform product to a finished state to meet planned or actual demand.
- Deliver: Processes that provide finished goods and services to meet planned or actual demand, typically including order management, transportation management, and distribution management.
- Return: Processes associated with returning or receiving returned products for any reason. These processes extend into post-delivery customer support.

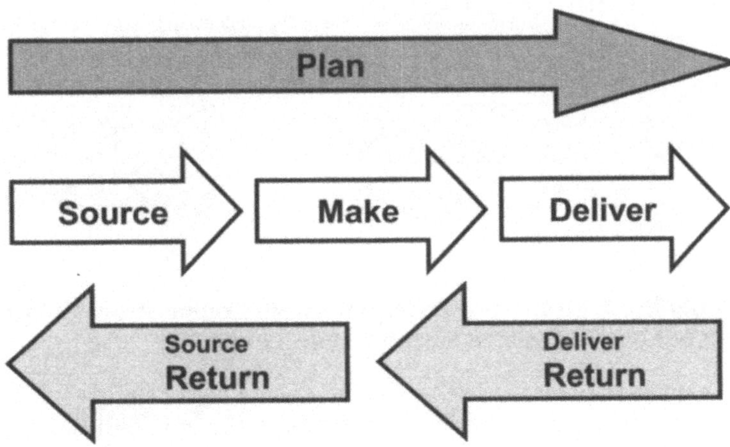

Abbildung 1.11: Die Grundprozesse des SCOR-Modells (SCOR Ebene 1, Quelle: Supply Chain Council)

Drei SCOR Ebenen

Diese fünf Kernprozesse werden auf drei Detaillierungsebenen grafisch und verbal näher beschrieben. Abbildung 1.12 verdeutlicht die wichtigsten Prozesstypen der zweiten SCOR-Ebene.

Unterhalb der Ebene 3 des SCOR-Modells erfolgt die unternehmensindividuelle Detaillierung der Modellierung von SCM-Prozessen. Um den Bezug zur Realität herzustellen, empfiehlt es sich, hier SAP-Funktionen zuzuordnen, wenn SAP-Systeme genutzt werden sollen.

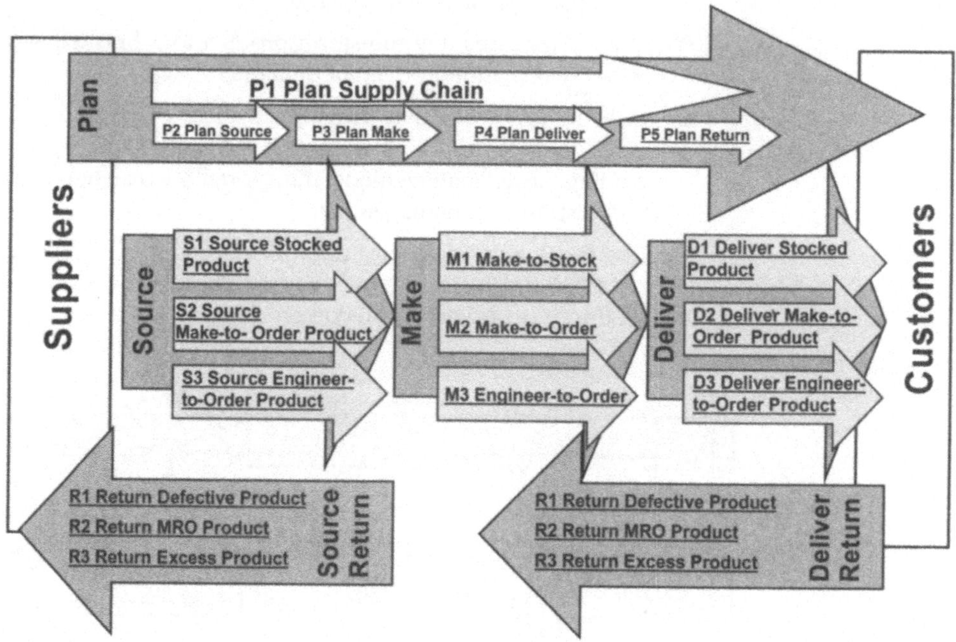

Abbildung 1.12: Die Prozesstypen (ohne Enable-Prozesse) des SCOR-Modells (SCOR Ebene 2, Quelle: Supply Chain Council)

SCOR Kennzahlen Daneben enthält SCOR Kennzahlen zur logistischen Leistungsmessung. Im SCOR Modell Release 5.0 werden beispielsweise die folgenden Kennzahlen für die oberste Aggregationsebene (Prozesse) vorgeschlagen:

Reliability:

- Delivery Performance
- Fill Rates
- Perfect Order Fulfillment

Responsiveness:

- Order Fulfillment Lead Time

Flexibility:

- Supply Chain Response Time
- Production Flexibility

Cost:

- SCM Cost
- Cost of Goods Sold
- Value Added Productivity
- Warranty Cost or Returns Processing Cost

Assets:

- Inventory Days of Supply
- Cash-to-Cash Cycle Time
- Asset Turns

SCOR als Ideenlieferant

Der Ebene 2 (Prozesstypen) und Ebene 3 (Prozesselemente) des SCOR-Modells sind individuelle logistische Kennzahlen und Best-Practice-Angaben zugeordnet. Über Input- und Output-Beziehungen werden die Querbezüge der Teilprozesse des SCOR-Modells verdeutlicht. Die Detaillierung des SCOR-Modells ist für eine umfassende Modellierung der unternehmensindividuellen Logistikprozesse nicht ausreichend. SCOR sollte daher als eine mögliche Basis eigener Modellierungsaktivitäten begriffen werden. Auch ist die Genauigkeit der Definition von Kennzahlen oft nicht ausreichend, um diese eindeutig praktisch umzusetzen. Dennoch ist das SCOR-Modell als Ideenlieferant und Startpunkt zur Strukturierung eigener SCM-Aktivitäten nützlich. Durch seinen breiten Bekanntheitsgrad trägt es dazu bei, die Begrifflichkeiten im SCM zu vereinheitlichen und dadurch die interne wie externe Kommunikation über das Thema SCM im Unternehmen zu erleichtern.

Die Bedeutung des SCOR-Modells hat in jüngster Zeit noch dadurch zugenommen, dass große Softwareanbieter, wie die SAP AG, Elemente von SCOR aufgegriffen, präzisiert und softwaretechnisch umgesetzt haben. So beinhaltet z.B.

das SAP Business Warehouse ab dem Releasestand 3.0 viele der SCOR-Kennzahlen im Rahmen des mitgelieferten SAP Business Content. Dadurch kann ein an den Empfehlungen des Supply Chain Council orientiertes Supply Chain Controlling mit moderatem Aufwand realisiert werden.

1.6 SCM mit SAP

SCM ist ein komplexes Thema, das ohne den intensiven Einsatz der Informationsverarbeitung nicht zu bewältigen ist. Viele SCM-Projekte in der Vergangenheit haben sich aber früh einseitig auf die Einführung einer Planungssoftware konzentriert, ohne eine intensive Analyse der Ausgangssituation und Schwachstellen in der Logistik durchzuführen. Die Erfahrung zeigt jedoch, dass erhebliche Verbesserungen nicht selten schon mit relativ einfachen Maßnahmen, wie einer Bodensatzanalyse bei den Beständen, einer besseren Strukturierung der Artikel und Optimierung von Dispositionsmethoden erreicht werden können. In Form von „Quick Wins“ amortisieren sie SCM-Projekte oft bereits in kurzer Zeit.

Das beste SCM-Werkzeug stiftet wenig Nutzen, wenn die Voraussetzungen für einen sinnvollen Einsatz nicht gegeben sind. Dieser Aspekt wird in mehreren Beiträgen unseres Buches später näher behandelt. Hier soll dagegen kurz auf SAP-Werkzeuge zur Unterstützung des SCM eingegangen werden.

mySAP Business Suite

Die SAP hat in den vergangenen Jahren einen Entwicklungspfad durchlaufen, der vom transaktionsorientierten und unternehmenszentrierten R/3 hinführte zur Gesamtlösung mySAP Business Suite[7], die eine softwaretechnische Basis für die Steuerung kundenzentrierter Unternehmensnetzwerke bildet (Abbildung 1.13). SAP unterstützt mit mySAP Business Suite die Nutzung des Internets als zentralem Medium zur unternehmensübergreifenden Zusammenarbeit von Supply Chain Partnerunternehmen.

---

[7] Die frühere Bezeichnung war mySAP.com.

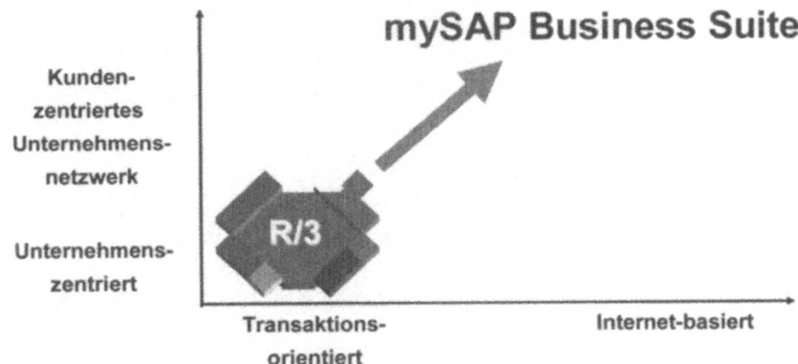

Abbildung 1.13: Entwicklungspfad der SAP von R/3 zu mySAP Business Suite

Die mySAP Business Suite Gesamtlösung lässt sich untergliedern in sogenannte Cross-Industry Solutions und branchenspezifische Lösungen. Branchenlösungen wie beispielsweise mySAP Automotive unterstützen alle Unternehmensfunktionen und enthalten speziell auf die Bedürfnisse der jeweiligen Branche abgestimmte Funktionalitäten. Cross-Industry Solutions stellen dagegen branchenübergreifende Funktionen zur Unterstützung spezifischer Unternehmensaufgaben zur Verfügung.

Beispiele für Cross-Industry Solutions mit Bezug zu logistischen Aufgabenstellungen sind in Tabelle 1.3 wiedergegeben.

mySAP SCM

Die einzelnen mySAP Business Suite Lösungen bedienen sich verschiedener SAP-Komponenten zur Steuerung der Geschäftsprozesse. So greift mySAP SCM, die Lösung für das Supply Chain Management, unter anderem auf Funktionen aus den Systemen SAP R/3 (Supply Chain Execution), SAP Business Information Warehouse (Supply Chain Con-trolling) und SAP Advanced Planner & Optimizer (Supply Chain Planning) zurück und verbindet sie. In jüngster Zeit ist mit dem SAP Supply Chain Event Management noch eine Komponente für Supply Chain Coordination hinzugekommen. Eine detaillierte Vorstellung von mySAP SCM und insbesondere des SAP APO enthält der nachfolgende Beitrag von Aldinger in diesem Buch.

SAP Cross-Industry Solution	Unterstützter Bereich
mySAP CRM	Kundenbeziehungs-Management, Vertriebs- und Marketingfunktionen
mySAP SRM	Lieferantenbeziehungs-Management, elektronische Beschaffung
mySAP SCM	Supply Chain Management
mySAP BI	Business Intelligence, Auswertungen und Berichtswesen

Tabelle 1.3: Beispiele von SAP Cross-Industry Solutions mit Bezug zur Logistik

SAP R/3

Für SAP-Kunden ist es wichtig, die grundsätzliche Entwicklungsrichtung der SAP zu kennen, wenn über die Einführung neuer SAP-Komponenten oder Releasewechsel entschieden wird. Es ist fair zu sagen, dass bereits in SAP R/3 viel Funktionalität zur Unterstützung praktisch aller Logistikbereiche vorhanden ist. Warum also neue Systeme für das SCM, wie den SAP Advanced Planner & Optimizer?

Die gestiegene Bedeutung des Internets und die damit einhergehenden technischen Möglichkeiten lassen die monolithische Struktur und unternehmenszentrierte Perspektive des R/3 nicht mehr zeitgemäß erscheinen. Erforderlich sind stattdessen flexibel kombinierbare Komponenten, die sich über eine offene Architektur untereinander und auch mit Systemen der Supply Chain Partner prozessorientiert und plattformunabhängig verbinden lassen. SAP selbst sieht folgende Herausforderungen im Supply Chain Management [Heinrich 2002]:

- Koordination und Abstimmung der Prozesse und beteiligten Partner
- Informationstransparenz für alle Partner
- schnelle Reaktion auf Veränderungen
- flexibles Einbinden neuer Partner
- heterogene IT Landschaft

Diese Anforderungen sind im Rahmen von mySAP SCM softwareseitig umgesetzt worden. Neuentwicklungen ausserhalb des R/3 boten dabei die Möglichkeit, konzeptionell und unter Verwendung aktueller Software-Entwicklungen, wie Objektorientierung und Portaltechnologie neu aufzusetzen, ohne auf die Integration mit bewährten Funktionen im R/3 verzichten zu müssen.

Neue Funktionalität

Auch SAP R/3 bietet weiterhin Unterstützung für Logistik-Prozesse. Das neue SAP R/3 Enterprise Release sieht eine Optimierung der Infrastruktur sowie der Core-Prozesse vor. Neue funktionale Erweiterungen, die in sogenannten Extensions gekapselt werden, sind optional einsetzbar. Dabei werden im R/3 jedoch nur bereits bestehende Prozesse weiterentwickelt oder überarbeitet. Die Entwicklung gänzlich neuer Funktionalität findet dagegen bei SAP außerhalb des R/3 in den neuen mySAP Business Suite-Komponenten statt. Unternehmen, die an diesen Neuentwicklungen partizipieren wollen, sollten daher langfristig auf mySAP Business Suite übergehen. Während jedoch in der Vergangenheit R/3-Einführungen oft als „Big Bang" viele Veränderungen auf einmal mit sich brachten, kann mySAP Business Suite dagegen sehr gut „stückweise" eingeführt werden, was den Projektumfang reduziert und das Change Management vereinfacht.

1.7 Zitierte Literatur

Baumgarten, H.; Thoms, J. [2002]: Trends und Strategien in der Logistik. Supply Chains im Wandel, Studie der TU-Berlin, Berlin.

Baumgarten, Helmut; Walter, Stefan [2001]: Trends und Strategien in der Logistik, in: Baumgarten, H.; Wiendahl, H.-P.; Zentes, J. (Hrsg.): Logistik-Management, Strategien-Konzepte Praxisbeispiele, Kap. 3.05.01, Springer, Berlin et al., S. 1-22.

Becker, T.; Greimer, H. [1999]: Prozeßgestaltung und Leistungsmessung – wesentliche Bausteine für eine Weltklasse Supply Chain, in: *HMD Nr. 207 (36. Jg.)*, S. 25-34.

Bothe, M.; Jörns, C. [1998]: Supply Chain Planning unter SAP R/3. Add on's im Überblick, Auswahl, Kosten/Nutzen, Beispiel APO. Vortrags-Handout zum Management Circle Seminar Supply Chain Planning unter SAP R/3 und Add on's, (10.12.1998).

Carstensen, T. [2001]. Integration von B2B-Marktplätzen und Logistik. Vortragsmanuskript zum 4. IIR E-Business Kongress, Wiesbaden (24.-26.9.2001).

Christopher, M. [1998]: Logistics and Supply Chain Management, 2nd ed., Financial Times Pitman Publishing, London et al.

Hartwig, A. [1999]: Outsourcing aus Sicht der Verlader, in: DVZ-Symposium: Outsourcing der Verlader: Chancen für Speditions- und Transportunternehmen, Frankfurt/M. (07.10.1999).

Heinrich, C. [2002]: Adaptive Supply Chain Networks, Vortragsunterlagen zum 19. Deutschen Logistikkongress, Berlin (Oktober 2002).

HypoVereinsbank [2000]: Logistik. Das Rückgrat der New Economy, Studie der HypoVereinsbank, München.

Kammerer, K. [2002]: Adaptive Logistik - “Ready for the Unexpected”, Vortragsunterlagen zum 19. Deutschen Logistikkongress, Berlin (Oktober 2002).

Klaus, P.; Müller-Steinfahrt, U. [2000]: Die „TOP 100“ der Logistik 1999. Eine Studie zu Marktgrößen, Marktsegmenten und Marktführern in der Logistik-Dienstleistungswirtschaft, Deutscher Verkehrs-Verlag, Hamburg.

Lee, C. [2001]: Supply Chain Management Key to ROI. http://www.vnunet.com/News/1127315, Abruf am 23.06.2002 (Beitrag datiert 04.12.2001).

Lee, H.; Padmanabhan, V.; Whang, S. [1997]: Der Peitscheneffekt in der Absatzkette, in: *Harvard Business Manager o.Jg. Nr. 4*, S. 78-87.

Lux, J. [2002]: Bestandscontrolling mit SAP R/3 und externen Tools als strategische Erfolgskomponente, Vortragsunterlagen zum Management Circle Seminar „Bestandsoptimierung mit SCM-Tools“, Bad Homburg (24. und 25.04.2002).

Mc Guffry, T. [1998]: Electronic Commerce and Value Chain Management, 1998.

Mühlbauer AG [2002]: Smart Label - Eine neue Technologie zur internationalen Anwendung im supply chain management, Vortragsunterlagen zum 19. Deutschen Logistikkongress, Berlin (Oktober 2002).

Nissen, V. [2002].: Supply Chain Event Management, in: *Wirtschaftsinformatik Jg. 44 Nr.5*, S. 477 - 480.

Nissen, V.; Bothe, M. [2002]: Fourth Party Logistics – ein Überblick, in: *Logistik Management 4 Nr.1*, S. 16 – 26.

Nissen, V. [2003]: Unternehmensübergreifende Leitstände. Proaktives Management in Logistik-Netzwerken, in: Bogaschewsky, R. (Hrsg.): Integrated Supply Management. Zukunftsweisende Konzepte zur Kostensenkung und zur Effektivitätssteigerung, Luchterhand-Verlag 2003 (zur Veröffentlichung angenommen).

Kaplan, R.S.; Norton, D.P. [1997]: Balanced Scorecard. Strategien erfolgreich umsetzen, Schäffer-Poeschel, Stuttgart.

Paustian, C.; Gnirke, K. [2002]: Handeln heißt bewegen, in: SAP Info http://www.sap.info/public/en/printout.php4/article/Article, Abruf am 28.10.2002 (Artikel datiert 23.09.2002).

Poirier, C.C., Bauer, M.J. [2001]: E-Supply Chain. Using the Internet to Revolutionize Your Business, Berrett-Koehler, San Francisco.

Schwarting, D. [2002]: Viele Hürden auf dem Weg zur Schlüsselindustrie, in Logistik Heute 24 Nr.6, S. 42-43.

Stölzle, W. [2002]: Stand und Entwicklungstendenzen von Statusreport- und Eventmanagementsystemen – Ergebnisse einer Studie, Vortragsunterlagen zum 19. Deutschen Logistikkongress, Berlin (Oktober 2002).

Tappe, D. ; Mussäus, K. : Efficient Consumer Response als Baustein im Supply Chain Management, in: *HMD Nr. 207 (36. Jg.)*, S.47-57.

Wieser, O.; Lauterbach, B. [2001]: Supply Chain Event Management mit mySAP SCM (Supply Chain Management), in: *HMD Nr. 219 (38. Jg.)*, S. 65-71.

Wolff, S.; Geiger, K. [2001]: Die E-Supply Chain der Zukunft, in: Hossner, R. (Hrsg.): Logistik Jahrbuch 2001, Düsseldorf, S. 139 - 142.

Zadek, H. [2001]: E-Supply Chain Management in der Automobilindustrie, in: Dangelmaier, W.; Pape, U.; Rüther, M. (Hrsg.): Die Supply Chain im Zeitalter von E-Business und Global Sourcing, Fraunhofer ALB, Paderborn, S. 325 - 338.

1.8 Ausgewählte weiterführende Literatur

Bartsch, H.; Bickenbach, P. [2001]: Supply Chain Management mit SAP APO. 2. Aufl., Galileo, Bonn.

HMD Nr. 207 (36. Jg.) [1999]: Themenband zum Supply Chain Management.

Christopher, M. [1998]: Logistics and Supply Chain Management, 2nd ed., Financial Times Pitman Publishing, London et al..

Knolmayer, G.; Mertens, P.; Zeier, A. [2000]: Supply Chain Management auf Basis von SAP-Systemen, Springer, Berlin et al..

Nissen, V. [2000]: Simulationsmöglichkeiten in SAPs Supply Chain Management Werkzeug Advanced Planner & Optimizer, in: *Information Management & Consulting 15 Nr.4*, S. 79 - 85.

Nissen, V. [2001]: Fourth Party Logistikmarktplätze als Form der Integration von elektronischen Marktplätzen und Supply Chain Management, in: *Wirtschaftsinformatik 43 Nr.6*, S. 599 - 608.

2 Überblick SAP Advanced Planner & Optimizer

Kai Aldinger,
SAP Deutschland AG & Co. KG

2.1 Zusammenfassung

Der Einsatz von mySAP Supply Chain Management (mySAP SCM) ermöglicht eine unternehmensübergreifende Planung, Koordination, Ausführung und Vernetzung entlang der gesamten logistischen Kette. Als Planungs- und Optimierungs-Komponente nimmt der SAP APO dabei eine zentrale Stellung innerhalb von mySAP SCM ein. Basierend auf einem ganzheitlichen Planungsansatz bietet er Funktionen zur Absatzplanung, Supply Network Planung, Produktions- und Feinplanung, Transportplanung sowie zur globalen Verfügbarkeitsprüfung. Daneben umfasst der SAP APO zahlreiche branchenspezifische Erweiterungen und unterstützt die unternehmensübergreifende Zusammenarbeit mit Geschäftspartnern über das Internet.

2.2 Einleitung

Deutlich veränderte Marktanforderungen stellen Unternehmen heute vor neue Herausforderungen. Eine steigende Kundenorientierung verlangt nach kundenindividuellen Produkten, wobei gleichzeitig hohe Anforderungen hinsichtlich Lieferzeit, Liefertreue und Lieferzuverlässigkeit gestellt werden. Hoher Kostendruck zwingt dabei zu optimalen Materialflüssen sowie zu optimaler Auslastung der vorhandenen Ressourcen. Die Fokussierung auf Kernkompetenzen erfordert zunehmend eine Einbindung von Kunden, Lieferanten und anderer Geschäftspartnern in die Entscheidungsprozesse, wodurch die Komplexität der internen und externen Prozesse deutlich zunimmt. Dabei sehen sich Unternehmen häufig mit heterogenen IT-Landschaften konfrontiert. Vor diesem Hintergrund suchen viele Unternehmen nach konkreten Möglichkeiten, Verbesserungspotenziale entlang der Logistikkette bestmöglich auszuschöpfen.

Einen erfolgversprechenden Ansatz hierzu stellt das Konzept des Supply Chain Managements (SCM) dar, das in den letzten Jahren schon von zahlreichen Unternehmen erfolgreich umgesetzt wurde. Die damit verbundenen deutlichen Verbesserungsmöglichkeiten veranlassen immer mehr Unternehmen sich mit diesem Konzept intensiv auseinander zusetzen.

2.3 mySAP Supply Chain Management

Ganzheitlicher Planungsansatz

Mit mySAP Supply Chain Management (mySAP SCM) bietet SAP eine Lösung für das SCM mit einem ganzheitlichen Planungsansatz. Dies ermöglicht eine Modellierung, Optimierung und aktive Abwicklung von unternehmensübergreifenden Lieferketten (Supply Chains) vom Lieferanten bis zum Kunden. Grundsätzlich lässt sich mySAP SCM dabei in die vier Teillösungen Vernetzung, Planung, Koordination und Ausführung untergliedern. Der SAP Advanced Planner and Optimizer (SAP APO) nimmt dabei neben weiteren mySAP SCM Komponenten eine zentrale Stellung innerhalb dieser Lösung ein.

Im Folgenden wird zunächst ein kurzer Überblick über mySAP SCM gegeben und die Stellung des SAP APO innerhalb dieser Lösung erläutert. Anschließend wird auf die spezielle Architektur des SAP APO sowie die einzelnen Komponenten eingegangen.

2.3.1 Vernetzung

Unternehmensübergreifende Zusammenarbeit

Im Hinblick auf eine unternehmensübergreifende Zusammenarbeit entlang der Logistikkette kommt der Vernetzung eine besondere Rolle zu. Unter Vernetzung werden dabei alle Funktionen verstanden, die eine Zusammenarbeit von Lieferanten, Kunden und sonstigen Geschäftspartnern in der Logistikkette unterstützen (Collaboration). Eine Vernetzung kann auf verschiedenen Ebenen erfolgen.

mySAP Enterprise Portal

Auf Benutzerebene ist eine Vernetzung über Unternehmensportale (mySAP Enterprise Portal) möglich. Über diese erhalten Lieferanten, Kunden, Partner und Mitarbeiter einen einheitlichen, rollenbezogenen Zugriff auf alle internen und externen Anwendungen, die zur Erfüllung der jeweiligen Aufgaben im Geschäftsprozess benötigt werden. Über ein Portal können somit auch Lieferanten oder Kunden in den planerischen Entscheidungsprozess miteinbezogen werden, oder beispielsweise den aktuellen Status einer Bestellung abfragen.

mySAP Exchange

Integrierte Handelsplattform (mySAP Exchange) verbinden die Unternehmen mit ausgewählten Partnern. Dadurch können ihre Geschäftsprozesse mit den Zulieferern integriert und automatisiert werden, was eine schnelle und kosteneffiziente Zusammenarbeit während des gesamten Beschaffungsprozesses ermöglicht.

Der systemübergreifende Datenaustausch zwischen Partnern mit unterschiedlichen Systemen (SAP und Nicht-SAP) und Plattformen (Java, ABAP, usw.) kann über die SAP Exchange Infrastruktur erfolgen. Diese stellt die Infrastruktur zum Austausch von Daten zwischen verschiedenen Systemen zur Verfügung und steuert den Nachrichtenfluss entlang des Geschäftsprozesses. Dabei werden erforderliche Transformationen von Dateninhalten automatisch durchgeführt.

2.3.2 Planung

Eine wesentliche Aufgabe des SCM liegt in der Sicherstellung der Ver- und Entsorgung (Synchronisation) der unternehmensübergreifenden sowie der unternehmensinternen Logistikaktivitäten. Primäres Ziel ist es dabei, die vorhandene Lieferkette möglichst effektiv zu nutzen, um eine möglichst hohe Wertschöpfung zu erzielen. Dazu ist es erforderlich, den aktuellen und geplanten Bedarf mit den verfügbaren Ressourcen unter Berücksichtigung von vorhandenen Restriktionen abzugleichen. Beispielsweise muss die Lieferleistung von Lieferanten und die Transportkapazität von Transportdienstleistern in der Planung berücksichtigt werden. Vor dem Hintergrund der klassischen Zielkonflikte in der Logistik, wie beispielsweise geringer Lagerbestand bei gleichzeitig hoher Lieferfähigkeit, soll die Planung einen machbaren und möglichst optimalen Plan liefern.

Als zentrale Planungskomponente in der mySAP SCM Lösung unterstützt der SAP APO verschiedene Planungsebenen, -modelle und Fertigungsverfahren sowie unterschiedliche zeitliche Horizonte.

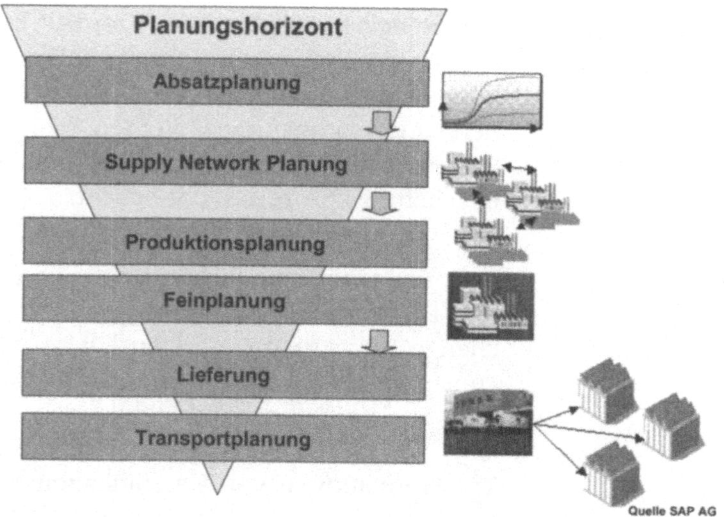

Abbildung 2.1: Planungsebenen und Horizonte im SAP APO

Collaborative Demand and Supply Planning

Die unternehmensübergreifende Planung wird dabei im SAP APO in den Bereichen Beschaffungs-, Transport- und Absatzplanung (Collaborative Demand and Supply Planning) unterstützt.

2.3.3 Ausführung

Anschließend muss die Planung mit den Funktionen Beschaffung, Produktion, Transport, Vertrieb, Abrechnung und Materialwirtschaft möglichst effizient sowie mit möglichst geringen Kosten ausgeführt werden (Supply Chain Execution). Hierzu wird die Planung aus dem SAP

APO an ein OLTP-System (Online Transactional Processing) wie beispielsweise SAP R/3 übergeben. Dort wird die Planung um ausführungsrelevante Daten, beispielsweise für die Kostenrechung, ergänzt und die Ausführung angestoßen. Neben der Durchführung der logistischen Kernprozesse wie Produktionsdurchführung, Auftrags-, Transport- und Lagerverwaltung sowie Fakturierung und Außenhandelslogistik versorgt das jeweilige OLTP-System den SAP APO auch mit planungsrelevanten Daten wie Materialstämmen, Stücklisten und Arbeitsplänen. Der SAP APO kann dabei mit verschiedenen SAP R/3 und anderen OLTP-Systemen gleichzeitig gekoppelt und somit auch in heterogenen Systemlandschaften eingesetzt werden.

Im Bereich Ausführung enthält der SAP APO Funktionen zur Unterstützung von unternehmensübergreifenden Prozessen. So ermöglicht der SAP APO beispielsweise die Prüfung der Verfügbarkeit eines Produkts über mehrere Standorte und Systemgrenzen hinweg.

2.3.4 Koordinierung

Unter Koordinierung werden alle Funktionen zur Koordinierung und Überwachung der Prozesse, Lagerbestände, Produktionsanlagen sowie Partner entlang der gesamten Logistikkette zusammengefasst. Über allen Stufen der logistischen Kette hinweg werden hierzu kontinuierlich Ereignisse überwacht und die Messung von logistikbezogenen Performancedaten durchgeführt. Durch die zeitnahe und genaue Erfassung dieser Daten wird die Transparenz in der Logistikkette erhöht und somit die Voraussetzung für reaktions- und anpassungsfähige Logistiknetzwerke geschaffen (Adaptive Supply Chain Networks).

Supply Chain Event Management

Im SAP Supply Chain Event Management (SAP SCEM) wird dazu jede Phase des Logistikprozesses, von der Preiskalkulation bis zur Lieferung zum Kunden, überwacht [Wieser, Lauterbach 2001]. Im Fall von Planabweichungen werden automatisch Benachrichtigungen versandt. Ein Ereignis kann beispielsweise das Eintreffen einer Lieferung oder der Produktionsstart eines Auftrags sein. Stellt das SCEM dabei ein Problem, wie eine verspätete oder fehlerhafte Lieferung fest, wird diese entsprechend gekennzeichnet und Folgeaktivitäten ausgelöst. Beispielweise kann der zuständige Planer über die Verspätung unterrichtet sowie eine Anfrage an den Lieferanten abgesetzt werden.

Supply Chain Performance Management

Über das SAP Supply Chain Performance Management (SAP SCPM) können Schlüsselkennzahlen (KPI) wie Lieferleistung, Prognosegenauigkeit und Bestandreichweite kontinuierlich überwacht werden. Bei Abweichungen von vorgegebenen Werten werden dabei automatisch Warnmeldungen erzeugt. Dadurch wird ein zeitnaher, umfassender Überblick über die Effizienz der gesamten Logistikkette möglich. Über die enge Kopplung mit dem SAP Business Information Warehouse (SAP BW) kann direkt aus dem SAP APO heraus auf diese Kennzahlen zugegriffen werden.

2.4 Architektur und Technologie

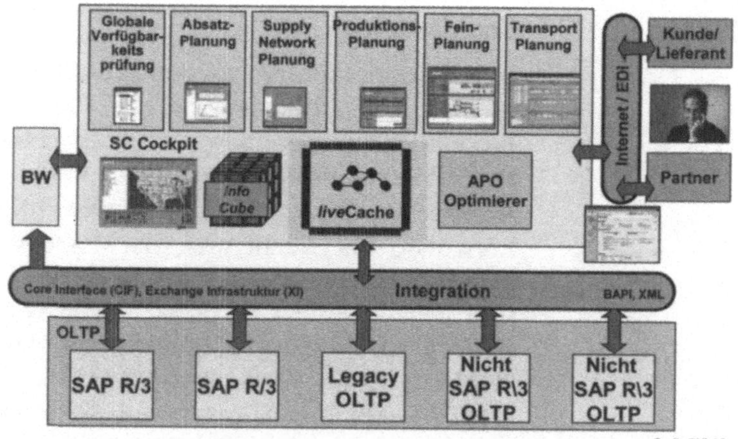

Abbildung 2.2: Die SAP APO Systemlandschaft

Bevor auf die einzelnen Funktionen des SAP APO eingegangen wird, soll zunächst ein Blick auf die Architektur und Technologie des SAP APO geworfen werden. Der SAP APO baut, wie alle mySAP SCM Komponenten, auf der gemeinsamen SAP Internetplattform mit Client-Server-

Architektur auf (mySAP Technology). Diese Technologiearchitektur setzt sich aus Präsentationsclients unter Windows-, HTML- oder Java sowie Anwendungs- und Datenbankserver zusammen. Daneben verfügt der SAP APO über weitere Systemkomponenten, die in Abbildung 2.2. dargestellt sind.

2.4.1 LiveCache

Neben einer relationalen Datenbank verfügt der SAP APO über einen sogenannten LiveCache (LC) zur schnellen Verarbeitung sehr großer Datenmengen in Echtzeit. Dabei handelt es sich um eine hauptspeicherbasierte, objektorientierte Datenbank, die auf der SAP DB Technologie basiert. Mit Funktionen für Backup, Recovery und zur Hochverfügbarkeit bietet der LiveCache dabei über die selben Eigenschaften wie eine Standarddatenbank.

Anwendungslogik im LiveCache

Da die planungsrelevanten Daten im Hauptspeicher abgelegt werden, können diese wesentlich schneller verarbeitet werden. Vor ihrer Speicherung im LiveCache werden die relationalen Datenstrukturen zusätzlich in anwendungsspezifische, optimierte Datenabbildungen im Hauptspeicher verdichtet. Dadurch können Optimierungs- und Planungsaufgaben erheblich beschleunigt werden. Eine Stückliste wird im LiveCache beispielsweise direkt als Baumstruktur und nicht über relationale Tabelleneinträge abgebildet, was eine wesentlich schnellere Stücklistenauflösung ermöglicht. Ferner kann Anwendungslogik direkt im LiveCache ausgeführt werden. Dadurch entfällt der Datentransfer zwischen Applikations- und Datenbankserver sowie die damit verbundenen Zugriffzeiten über das Netzwerk.

Daten werden im LiveCache in Form von Zeitreihen oder Aufträgen verwaltet. Zeitreihenobjekte werden in Perioden abgelegt und haben dadurch keinen direkten Bezug zu konkreten Aufträgen. Sie werden hauptsächlich im Bereich der aggregierten Absatz- und Beschaffungsplanung eingesetzt. Beim Übergang zur operativen Detailplanung, wie der mittelfristigen Beschaffungsplanung oder der Produktions-/Feinplanung, werden die Daten dann mit direktem Bezug zu Aufträgen als LiveCache-Aufträge gespeichert.

2.4.2 Planungs- und Optimierungswerkzeuge

Der SAP APO stellt verschiedene Planungs- und Optimierungswerkzeuge zur Planung und Terminierung auf den verschiedenen Planungsebenen bereit. Die standardmäßig vorhandenen Planungsmethoden lassen sich dabei anpassen oder erweitern. Ferner kann der SAP APO um neue, unternehmensspezifische Planungsmethoden ergänzt werden. Diese neuen Planungsmethoden lassen sich dabei nahtlos in den SAP APO integrieren und können im Planungslauf oder interaktiv so aufgerufen werden, als wären sie Teil des Standardsystems. Grundsätzlich stehen als Planungsmethoden Heuristiken und Optimierungsfunktionen zur Verfügung.

Heuristik

Unter Heuristik wird im SAP APO eine Funktion verstanden, die für ausgewählte Objekte eine Planung durchführt. Im Gegensatz zur Optimierung steht dabei nicht die Minimierung einer Zielfunktion im Vordergrund, sondern es soll ein spezifisches Problem über einen regelbasierten Ansatz gelöst werden. Aus technischer Sicht wird dieser über einen ABAP/4-Funktionsbaustein abgebildet, dem ein entsprechender Algorithmus zu Grunde liegt. Standardmäßig werden verschiedene Heuristiken, beispielsweise zur mehrstufigen Produktionsplanung oder zur Reihenfolgenplanung von Vorgängen, mit dem SAP APO ausgeliefert. Neben einem Funktionsbaustein verfügt eine Heuristik über verschiedene Parametereinstellungen, die seine Eigenschaften beeinflussen. Die Heuristiken werden über das Heuristic Framework in den SAP APO integriert. Dieses stellt die generischen Funktionen zur Verwaltung und zum Aufruf der Heuristiken bereit. Über das Heuristic Framework lassen sich auch anwendungsspezifische Heuristiken nahtlos in den SAP APO integrieren.

Optimierung

Neben den Heuristiken verfügt der SAP APO über verschiedene Optimierungswerkzeuge für die unterschiedlichen Planungsebenen. Diese optimieren nach generischen Zielgrößen, wie beispielsweise Rüstkosten oder Durchlaufzeiten, wobei vorhandene Randbedingungen (Constraints) in der Planung berücksichtigt werden. Es wird zwischen harten Randbedingungen (z.B. Arbeitszeiten), die auf jeden Fall eingehalten werden müssen und weichen Randbedingungen (z.B. Bedarfstermine), die nach Möglichkeit eingehalten werden sollen, unterschieden. Über die Optimization Extension Workbench (APX) kann der SAP APO um benutzerspezifische Optimierungskomponenten zur Abdeckung von speziellen Branchen- und Unternehmensanforderungen, wie beispielsweise geometrische oder technologische Randbedingungen, erweitert werden. Die externen Optimierer können funktional und datentechnisch vollständig in den SAP APO integriert werden. Sie greifen dabei direkt auf den Datenbestand des SAP APO zu und legen ihre Ergebnisse wiederum in diesem ab, was eine separate Datenhaltung überflüssig macht. Dadurch werden die Optimierer zu einem integralen Bestandteil des SAP APO und können sowohl interaktiv wie auch im Hintergrund direkt aufgerufen werden.

Der SAP APO bildet mit den standardmäßig enthaltenen sowie den benutzerspezifischen Heuristiken und Optimierungswerkzeugen ein einheitliches und integriertes Planungssystem. Die verschiedenen Planungsverfahren können in einer beliebigen Reihenfolge ausgeführt werden und jeweils entweder das gesamte Planungsproblem oder nur ein Teil, beispielsweise ein spezielles Werk oder eine Engpassressource, bearbeiten.

2.4.3 Data-Mart und InfoCube

Für die Planung mit Zeitreihen, wie sie primär in der Absatzplanung verwendet wird, enthält der SAP APO Bestandteile des SAP Business Information Warehouse. Dabei wird für die Planung jedoch nur die SAP BW Architektur genutzt, d.h. die Funktionen für Reporting und Analyse sind im SAP APO nicht enthalten. Hierzu kann, neben dem SAP APO, ein SAP BW-System eingesetzt werden, in dem die Daten des SAP APO dann eine Untermenge (Data-Mart) des Business Warehouse darstellen.

Die Daten und Planungsergebnisse werden im SAP APO in InfoCubes gespeichert, die sich zur Veranschaulichung als mehrdimensionale Datenwürfel vorstellen lassen. Über Funktionen wie Slice & Dice kann die Planung aus verschiedenen Perspektiven, wie beispielsweise Vertriebskanal, Produktgruppe oder Region erfolgen. Bildlich gesprochen hat der Benutzer somit die Möglichkeit, den Würfel aufzuschneiden und die inneren Scheiben zu betrachten.

Über die Drill-Down und Drill-Up Funktionen können die Daten auf verschiedenen Ebenen aggregiert und disaggregiert angezeigt werden. Die Planung kann dann auf der jeweiligen Ebene erfolgen und wird automatisch auf die darunter liegenden Ebenen herunter gebrochen. Wird beispielsweise auf Produktgruppenebene geplant, so wird die Gesamtmenge automatisch auf die Produktebene herunter gebrochen. Für einen effizienten Zugriff werden die Daten im LiveCache gespeichert.

2.4.4 Integration

Grundsätzlich kann der SAP APO als Stand-alone-System betrieben werden. Eine typische mySAP SCM Systemlandschaft setzt sich jedoch aus einem oder mehreren OLTP Systemen, wie beispielsweise SAP R/3, SAP R/2 und nicht SAP Systemen, sowie einem SAP APO zusammen. Der SAP APO ermöglicht in diesem Szenario eine Planung, Optimierung und Ausführung über die Grenzen der einzelnen Systeme hinweg.

APO Core Interface

Die Kopplung des SAP APO mit einem oder mehreren SAP R/3 Systemen erfolgt über das APO Core Interface (CIF). Dieses ist Teil einer auf SAP R/3-Seite einzuspielenden Kommunikationsschicht (Plug-In), die den Datenaustausch zwischen dem SAP APO und dem SAP R/3 ermöglicht. Im SAP APO existiert eine passende Kommunikationsschicht, welche mit dem SAP APO ausgeliefert wird. Die Anbindung erfolgt dabei über eine Echtzeit-Schnittstelle in Form einer sogenannten engen Kopplung (tight coupling). Aus der komplexen Datenmenge in SAP R/3 werden dabei nur die planungsrelevanten Datenobjekte mit dem SAP APO synchronisiert. Das Core Interface garantiert neben der Erstdatenversorgung (initial) auch den Abgleich von Datenänderungen (inkrementell) zwischen SAP R/3 und

SAP APO. Änderungen an Stammdaten, wie beispielsweise Werken, Materialstämmen, Stücklisten und Arbeitsplänen, können direkt nach der Änderung oder periodisch übertragen werden. Änderungen an Bewegungsdaten, wie beispielsweise neue oder geänderte Aufträge oder Bestandsänderungen, werden in Echtzeit übertragen.

Anbindung von Nicht-SAP-Systemen

Die Anbindung von Nicht-SAP-Systemen kann über das Business Application Programming Interface (BAPI) erfolgen. Dabei handelt es sich um eine offene, objektorientierte Schnittstelle, mit der betriebswirtschaftliche Anwendungen beispielsweise über das Internet integriert werden können. Dabei können auch Systeme mit dem SAP APO gekoppelt werden, die auf einer unterschiedlichen Technologie beruhen.

Collaborative Planning

Im Rahmen der Collaborative Planning können Partner oder Mitarbeiter über den Internet Transaction Server (ITS) direkt mit dem SAP APO kommunizieren. Hierzu stehen im SAP APO spezielle Transaktionen zur Unterstützung der unternehmensübergreifenden Prozesse zur Verfügung, die direkt über das Internet aufgerufen werden können. Das Berechtigungskonzept im SAP APO gewährleistet dabei die Datensicherheit. Ferner können die Systeme der Geschäftspartner über EDI, XML oder anderen Datenformate mit dem SAP APO gekoppelt werden.

2.5 Planen, Simulieren und Überwachen

Im Folgenden soll zunächst die Planungsphilosophie des SAP APO erläutert, sowie die Komponenten des SAP APO beschrieben werden, die über alle Planungsebenen hinweg zur Verfügung stehen.

2.5.1 Management im Ausnahmefall

Der SAP APO unterstützt den Planungsansatz des Managements im Ausnahmefall (Management-by-Exception). Er überwacht dabei kontinuierlich die Logistikkette sowie die Produktionsaktivitäten und generiert bei auftretenden Problemsituationen automatisch Ausnahmemeldungen in Form von Alerts. Der Planer oder Manager wird somit nicht unvorbereitet von auftretenden Problemen überrascht, und kann rechtzeitig auf das Problem reagieren. Ferner wird der Planer von Routineaufgaben entlastet, da er sich primär nur um die Planungssituationen kümmern muss, die einen manuellen Eingriff erfordern.

Alert Monitor

Dieses Konzept wird im SAP APO durch den Alert Monitor unterstützt, der einen einheitlichen Zugang zur Lösung von Problemsituationen im SAP APO bietet. Vom Alert ausgehend kann direkt auf das verursachende Objekt sowie die Anwendungen zur Problemlösung verzweigt werden. Darüber hinaus ist der Alert Monitor in alle funktionalen Anwendungen des SAP APO integriert, d.h. Problemmeldungen werden direkt in der Anwendung bei den verursachenden Objekten angezeigt. Die Alerts werden dabei in Echtzeit generiert und sind sofort nach Auftreten des Problems sichtbar. Zur Weiterverarbeitung können diese markiert, zur Kenntnis genommen und per Email verschickt werden.

Welche Alerts angezeigt werden, hängt vom jeweiligen Planungskontext ab. Über Alert-Profile kann festgelegt werden, zu welchen Objekten und über welche Arten von Ausnahmemeldungen die einzelnen Benutzer in Kenntnis gesetzt werden sollen. Darüber hinaus ist es möglich, die verschiedenen Alerts nach Information, Warnung oder Fehler zu priorisieren und auf diese Weise eine Informationsüberlast der Benutzer zu verhindern.

2.5.2 Simulation

Im SAP APO können verschiedene Planungsszenarien simuliert und miteinander verglichen werden [Nissen 2000]. Den einzelnen Szenarien können dabei unterschiedliche Modelle der Logistikkette zugrunde liegen, wobei jeweils ein aktives Modell die aktuelle Logistikkette abbildet. In einem Modell sind alle Elemente einer Logistikkette und deren Beziehung untereinander aus der Planungsperspektive abgebildet. Das Modell enthält dabei ausschließlich die Stammdaten der Logistikkette.

Simulative Änderungen der Bewegungsdaten, wie beispielsweise zusätzliche Aufträge oder abweichende Schichtmodelle in der Produktion, können zu Simulationszwecken über unterschiedliche Planversionen abgebildet werden. Diese Planversionen können dazu von der aktiven Planversion, die den jeweils aktuellen Stand aus den angeschlossenen OLTP-Systemen enthält, kopiert, geändert und simulativ beplant werden. Dadurch ist es möglich, alle Aspekte und Optionen einer gegebenen Planungssituation zu untersuchen und die Auswirkung von verschiedenen Alternativen zu simulieren. Beispielsweise kann dadurch der Effekt verschiedener Prognosemodelle, Schichtmodelle, Losgrößenverfahren oder zusätzlicher Aufträge auf die Planung simuliert und bewertet werden, ohne dass dies auf die aktuelle Planungssituation Auswirkungen hat.

Plan Monitor

Zur Bewertung des aktuellen Status eines Plans steht im SAP APO der Plan Monitor zur Verfügung. Dieser kann über definierbare Kennzahlen die aktuelle Planungsqualität ermitteln sowie verschiedene Planversionen und Zeiträume in der Planung bewerten und vergleichen. Die Ergebnisse können sowohl tabellarisch als auch grafisch dargestellt werden. Über Profile können die gewünschten Kennzahlen dabei ausgewählt und auf die zu berücksichtigenden Objekte, Zeitrahmen und Versionen eingeschränkt werden.

2.5.3 SCC - Supply Chain Cockpit

Das Supply Chain Cockpit (SCC) liefert in Verbindung mit dem Alert- und Plan-Monitor einen Überblick über die gesamte Logistikkette. Dazu werden die einzelnen Objekte der Logistikkette, wie beispielsweise Werke, Kunden und Lieferanten, grafisch dargestellt und die dazugehörigen Informationen auf globaler Ebene aggregiert.

In der grafischen Darstellung des SCC können die einzelnen Elemente der Logistikkette sowie deren Zusammenhänge (Transportbeziehungen) verwaltet und kontrolliert werden. Als höchste Planungsstufe ermöglicht das SCC einen einheitlichen Blick auf alle Planungsbereiche, wie Herstellung, Bedarf, Vertrieb und Transport. Für einen detaillierten Blick auf die Planungssituation in den einzelnen Objekten kann direkt in die Planungsfunktionen des SAP APO verzweigt sowie das SAP BW aufgerufen werden.

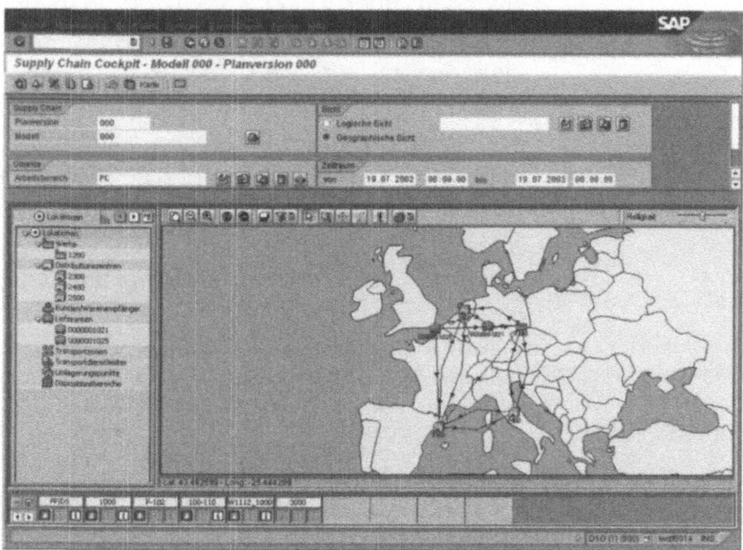

Abbildung 2.3: Das Supply Chain Cockpit

Integration SAP BW

Im SCC können Informationen des Alert- und Plan-Monitors aus den verschiedenen Planungsbereichen dargestellt werden. Über die enge Integration mit dem SAP BW können Schlüsselkennzahlen und Auswertungen zu der gesamten Logistikkette sowie zu den einzelnen Objekten direkt aus dem SCC heraus aufgerufen werden. So kann beispielsweise die Ressourcen-Effizienz eines Werkes oder die Lieferleistung eines Lieferanten schnell und effizient über die grafische Navigation abgefragt werden. Vom SCC aus kann somit die Planung auf allen Planungsebenen überwacht und die Performance aller Bereiche verfolgt werden.

Für große und komplexe Logistikketten können über individuelle Arbeitsbereiche Ausschnitte dargestellt werden. Dadurch können mehrere Planer gleichzeitig an verschiedenen Teilen der Logistikkette arbeiten.

2.6 Planungsebenen

Der SAP APO umfasst im wesentlichen die Bereiche Absatzplanung, Supply-Network-Planung, Produktions- und Feinplanung, Transportplanung und Verfügbarkeitsprüfung [Bartsch, Bickenbach 2001]. Wie in Abbildung 2.4 dargestellt, kann die Planung in Zusammenarbeit mit Kunden, Lieferanten sowie anderen Geschäftspartnern, wie beispielsweise Transportdienstleistern, erfolgen.

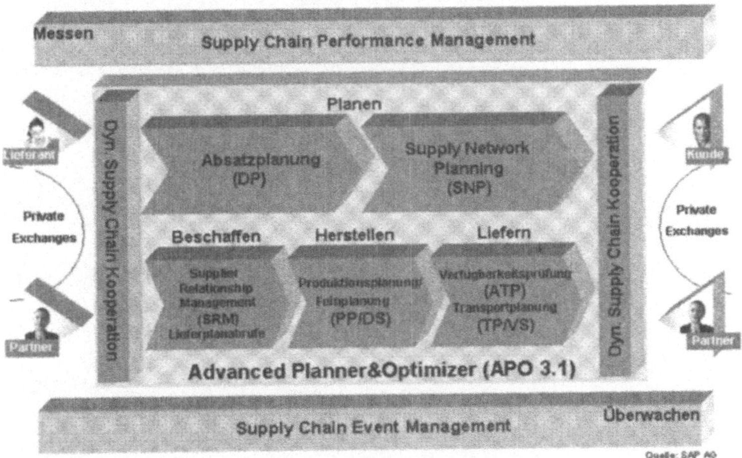

Abbildung 2.4: Überblick mySAP Supply Chain Management

2.6.1 DP - Demand Planning

Die Absatzplanung wird zur Erstellung einer Prognose für die Nachfrage nach den Produkten auf dem Markt verwendet. Verschiedene Kausalfaktoren, wie beispielsweise Werbung, Absatzprognosen von Kunden oder saisonale Schwankungen, können dabei in der Planung berücksichtigt werden und somit in den Absatzplan einfließen.

Die zentrale Datenstruktur in der Absatzplanung stellt der Planungsbereich dar. In diesem werden die planungsrelevanten Parameter, wie beispielsweise die zu verwendenden Kennzahlen, Mengeneinheiten, Währungen und Zeitraster, festgelegt. Der Absatzplaner kann auf die Informationen des Planungsbereichs über interaktive Planungsmappen zugreifen, wie sie in Abbildung 2.5 dargestellt sind. Die Planungsmappe legt das Layout für die Absatzplanung im SAP APO fest und umfasst einen Übersichtbaum für die Datenselektion, unterschiedlichen Planungstabellen sowie verschiedene grafische Diagrammtypen.

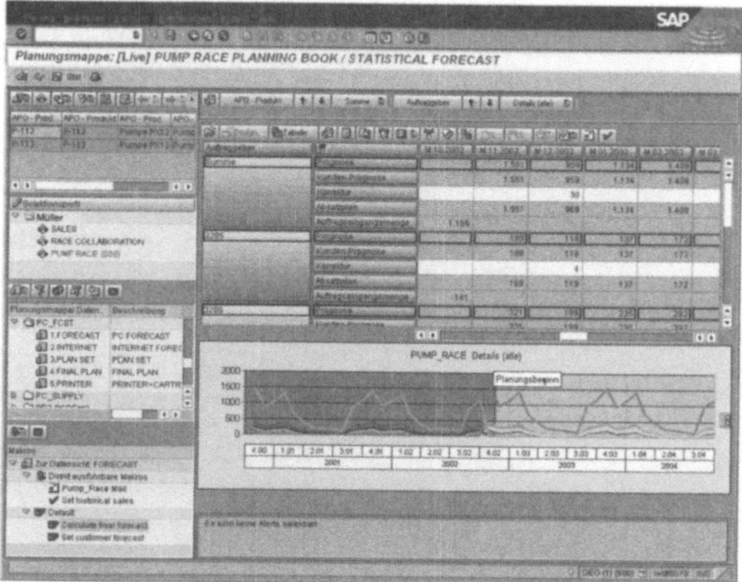

Abbildung 2.5: Interaktive Planungsmappe in der Absatzplanung

Benutzerspezifische Sichten

Eine Planungsmappe kann eine oder mehrere Sichten auf die Planung zur Verfügung stellen. Neben den vordefinierten Sichten für die univariante Prognose, der Kausalanalyse und der kombinierten Prognose können benutzerindividuelle Sichten für die verschiedenen Planungsaufgaben definiert werden. In diesen können beispielsweise andere Planungshorizonte oder nur ein bestimmter Ausschnitt der Planung dargestellt werden. Über diese benutzerspezifischen Sichten können nicht nur verschiedene Abteilungen, sondern auch andere Unternehmen in den Prozess der Prognoseerstellung einbezogen werden. Zur Navigation innerhalb der Planung und zur Simulation verschiedener

Planungsszenarien können die in Kapitel 2.4.3 beschriebenen Funktionen wie Slice & Dice verwendet werden.

Prognosen

Prognosen können anhand von Absatzhistorien und beliebigen Kausalfaktoren erstellt werden. Hierzu können neben statistischen Prognoseverfahren (Trend- und Saisonale Modelle, Modellkombinationen, Pick Best, Kausalanalysen usw.) auch externe Informationen mit eingebunden werden. Daneben steht mit den erweiterten Makros ein flexibles Werkzeug zur Durchführung von komplexen Berechnungen zur Verfügung. Über sie können auch Alerts im Alert Monitor generiert werden, um den Planer über bestimmte betriebliche Situationen zu informieren. Mit den erweiterten Makros steht in der Absatzplanung quasi eine komplette Programmiersprache zu Verfügung, wobei die Makros über eine grafische Oberfläche interaktiv per drag & drop erstellt werden. Die Makros können dabei vom Benutzer oder automatisch zu bestimmten Zeitpunkten ausgeführt werden.

Promotionen in der Planung

Der Einfluss von Sondereffekten aus Werbekampagnen, Marktinformationen und Managementvorgaben kann über Promotionen in der Planung berücksichtigt werden. Die verschiedenen Phasen der Bedarfsentwicklung entlang des Lebenszyklus eines Produkts lassen sich über Phase-In und Phase-Out Phasen abbilden. Ferner kann bei der Einführung oder Ersetzung eines Produktes über Like-Profile auf die Bedarfsstruktur eines vergleichbaren Produktes zurückgegriffen werden. Gegenseitige Abhängigkeiten bei der Nachfrage nach ähnlichen Produkten können über Kannibalisierungsgruppen berücksichtigt werden.

Im Rahmen einer konsensbasierten Prognose kann eine Absatzplanung über Abteilungs- und Unternehmensgrenzen hinweg zu einem Gesamtabsatzplan konsolidiert werden. Während der Planung können die Prognoseergebnisse laufend durch vordefinierte und selbstdefinierte Tests auf Plausibilität überprüft werden.

Characteristics-Based Forecasting

Mit der Merkmalsvorplanung (Characteristics-Based Forecasting) steht eine spezielle Funktion für konfigurierbare Produkte zur Verfügung. Dabei erfolgt die Absatzplanung für das zu konfigurierende Produkt unter Angabe der wichtigen Merkmale, wie beispielsweise Farbe oder Motortyp. Über die Auflösung der Stückliste wird der von den Merkmalswerten abhängige Bedarf an den jeweiligen Komponenten ermittelt. Über die Integration zur Produktionsplanung können dann auf Basis der Prognose die einzelnen Komponenten beschafft oder gefertigt sowie mit den Kundenaufträgen verrechnet werden.

Der Absatzplan kann an die SNP-Planung oder direkt an die Produktionsplanung übergeben werden. Dort können die Bedarfe gegenüber dem im SAP APO hinterlegten Modell der Logistikkette auf Machbarkeit geprüft und ein machbarer Absatzplan erstellt werden. Dieser kann wiederum in die Absatzplanung übernommen und mit der ursprünglichen Planung verglichen werden.

2.6.2 SNP - Supply Network Planning

Ausgehend von der Absatzplanung erfolgt im Supply Network Planning (SNP) eine mittel- bis langfristige Grobplanung zur Deckung der geschätzten Absatzmengen. Die Planung und Optimierung erfolgt dabei über die gesamte Logistikkette und umfasst die Bereiche Beschaffung, Produktion, Distribution und Transport. Dabei werden Randbedingungen, wie begrenzte Produktions- und Transportkapazitäten oder die Lieferfähigkeit von Lieferanten, Kosten für Lagerung, Produktion und Transport sowie Strafkosten für verspätete Lieferungen oder Fehlmengen berücksichtigt. Die Auswirkung von taktischen Planungsentscheidungen und die Auswahl von Bezugsquellen können simuliert und anschließend umgesetzt werden.

Entsprechend der mittel- bis langfristigen Ausrichtung erfolgt die Planung mengen- und periodenorientiert und liefert dadurch höchstens tagesgenaue Termine und keine Angaben zur Auftragsreihenfolge. Daher werden in der SNP-Planung in der Regel auch nur grobe Produktionspläne verwendet, die mit den kritischen Komponenten nur einen Ausschnitt der Stückliste umfassen. Als Planungsmethoden stehen im SNP neben der heuristikbasierten und optimierenden Planung auch die Bedarfs- und Bestandspropagierung sowie die Capable-to-Match-Planung (CTM, vgl. Kapitel 2.6.3) zur Verfügung. Die Bedarfs- und Bestandspropagierung wird dabei in der interaktiven Planung zur schnellen Umsetzung von Änderungen verwendet, die durch Restriktionen in der Logistikkette verursacht werden. Ziel ist dabei eine durchführbare Lösung zur Bedarfsdeckung zu finden.

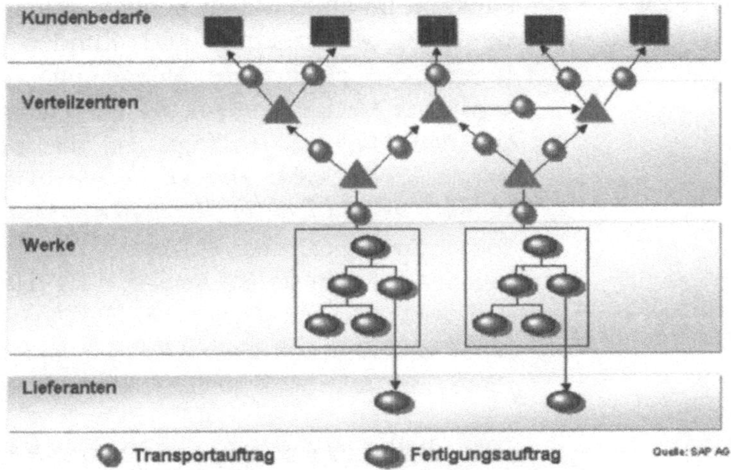

Abbildung 2.6: Das Netzwerk in der SNP Planung

Netzwerkbezogene Optimierung

Bei der Planung und Optimierung werden alle im Supply Chain Modell zur Verfügung stehenden Möglichkeiten zur Deckung eines Bedarfs über Umlagerung, Produktion oder Beschaffung berücksichtigt. Im Fall der Produktion können im Rahmen einer mehrstufigen Planung wiederum die Produktionsalternativen hinsichtlich Kapazitäts- und Komponentenverfügbarkeit bewertet werden. Im Fall einer Beschaffung oder Umlagerung werden neben den Lieferzeiten und Beschaffungskosten auch die Transportzeiten und -kosten berücksichtigt. Ziel ist ein machbarer Plan zu möglichst geringen Kosten.

Das Ergebnis der SNP-Planung steht in Form von speziellen SNP-Aufträgen oder direkt als PP/DS Äufträge zur Verfügung. Über SNP-Aufträge kann in der SNP-Planung u.a. die langfristige Kapazitätsauslastung einzelner Ressourcen analysiert werden. Dadurch werden neben möglichen Kapazitätsüberlastungen auch frühzeitig freie Kapazitäten erkannt. Fallen die relativ groben SNP-Aufträge in den Produktionshorizont, so werden sie an die Produktions- und Feinplanung übergeben und dort in detaillierte Produktionsaufträge und Bestellanforderungen umgesetzt.

Deployment-Funktion

Im Anschluss an die Produktion ermittelt die Deployment-Funktion im kurzfristigen Bereich, wann und wie Bestände an Distributionszentren und Kunden geliefert werden. Stimmt die produzierte Menge mit der zuvor in SNP geplanten Menge überein, so wird lediglich das Ergebnis der SNP-Planung bestätigt. Ist die produzierte Menge jedoch größer oder kleiner als die ursprünglich geplante Menge, so werden im Deployment-Lauf anhand verschiedener Strategien die einzelnen zu liefernden Mengen angepasst. Diese stehen im SAP APO dann als Deployment Umlagerungen zur Verfügung. Der Transport Load Builder (TLB) generiert aus diesen dann entsprechende Transportpläne und stellt optimale Transportladungen zusammen.

2.6.3 SDM - Multi-Level Supply and Demand Matching

Über das Multi-Level Supply and Demand Matching (SDM) können im SAP APO priorisierte Kundenbedarfe und Prognosen gegen vorhandene Bestände abgeglichen werden. Dabei werden die aktuellen Produktionskapazitäten und Transportmöglichkeiten berücksichtigt.

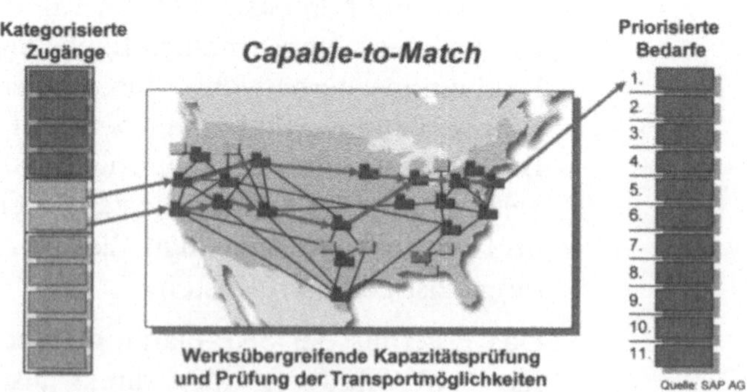

Abbildung 2.7: Capable-to-Match

Im Unterschied zu herkömmlichen Planungsansätzen betrachtet SDM dabei nicht die einzelnen Stufen der Logistikkette nacheinander, sondern plant für die einzelnen Kundenbedarfe den Produktionsfluss entlang der gesamten Logistikkette. SDM zielt auf den kurz- bis mittelfristigen Bereich ab und stellt einen termingerechten, mehrstufigen synchronen Produktionsfluss sicher.

Capable-to-Match

Als zentrales Werkzeug für die SDM-Planung wird die Capable-to-Match Planung (CTM) eingesetzt. Der CTM-Planungslauf basiert auf einer Heuristik und gleicht die priorisierten Bedarfe mit den verfügbaren Beständen ab. In einem CTM-Profil wird hierzu die erforderliche Priorisierung der Bedarfe sowie die Kategorisierung der Bestände vorgenommen. Die CTM-Planung kann sowohl in Verbindung mit SNP also auch mit PP/DS eingesetzt werden.

2.6.4 PP/DS - Production Planning and Detailed Scheduling

In der Produktions- und Feinplanung (PP/DS) können detaillierte Produktionspläne unter gleichzeitiger Berücksichtigung von Material- und Ressourcenverfügbarkeit erstellt werden. Die Planung deckt dabei den kurz- bis mittelfristigen Bereich ab. Im Gegensatz zur SNP-Planung erfolgt die PP/DS-Planung zeitkontinuierlich, d.h. mit sekundengenauen Auftragsterminen und unter Berücksichtigung der konkreten Auftragsreihenfolge. Die Planung kann sowohl interaktiv als auch im Hintergrund durchgeführt werden. Hierzu kann auf zahlreiche Heuristiken sowie Optimierungswerkzeuge zurückgegriffen werden. Dabei kann die Planung selektiv auf bestimmte Objekte eingegrenzt werden. Nach der Planung werden die Aufträge zur Ausführung an das jeweilige OLTP-System übergeben.

Die Planung kann manuell oder automatisch durch Eintreten eines planungsrelevanten Ereignisses für ein bestimmtes Produkt angestoßen werden. Ein planungsrelevantes Ereignis kann dabei beispielsweise eine Warenbewegung zu dem Produkt im OLTP-System oder eine Änderung des Produktstamms im SAP APO sein.

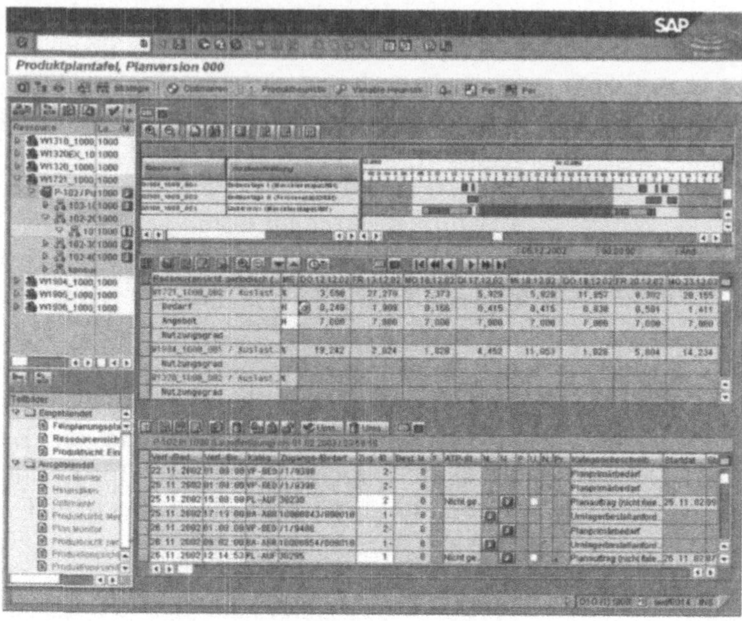

Abbildung 2.8: Produktplantafel im PP/DS

Losgrößenrechnung

Im SAP APO kann mit Hilfe von Planungsheuristiken eine Material- und Kapazitätsplanung auf mehreren Ebenen durchgeführt werden. Dadurch ist eine rückstandsfreie Planung mit realistischen Terminen möglich. Zur Losgrößenrechnung stehen in der PP/DS-Planung verschiedene Standardlosgrößenverfahren, wie feste oder exakte Losgröße, zur Verfügung. Daneben sind noch eine Reihe von speziellen Losgrößenverfahren; wie beispielsweise das optimierende Losgrößenverfahren nach Groff, verfügbar.

Automatische Bezugsquellenermittlung

Bei der Bedarfsplanung kann eine automatische Bezugsquellenermittlung durchgeführt werden. Dabei werden die möglichen Beschaffungsarten (Fremd-, Eigenbeschaffung oder Umlagerung) ermittelt und die Beschaffungsalternative ausgewählt, die rechtzeitig die benötigte Menge liefern kann. Sind mehrere Beschaffungsalternativen hinterlegt, so wird die Beschaffungsalternative mit der höchsten Priorität und den niedrigsten Kosten ausgewählt.

In der Feinplanung werden für die einzelnen Vorgänge Termine und Ressourcen festgelegt sowie der Belegungsplan für die Ressourcen erstellt. Die Einplanung kann dabei nach verschiedenen Planungsstrategien erfolgen. Während der Planung werden verschiedene Randbedingungen, wie beispielsweise Abhängigkeiten zwischen Aufträgen oder Materialverfügbarkeit, berücksichtigt. Zur Optimierung steht neben verschiedenen Terminierungs-Heuristiken auch der PP/DS-Optimierer zur Verfügung. Durch diesen kann eine Optimierung nach verschiedenen Zielgrößen, wie Rüstkosten, Durchlaufzeiten oder Verspätungen, erfolgen.

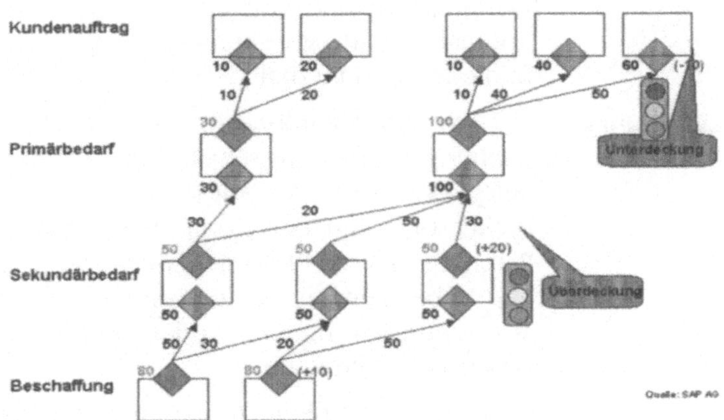

Abbildung 2.9: Transparenz der Materialflüsse —Pegging

Pegging-Funktion

Durch die Pegging-Funktion können die Materialflüsse zwischen Aufträgen über alle Materialstufen hinweg transparent gemacht werden. Dadurch lassen sich jederzeit die Bedarfsverursacher für einen Auftrag oder die von verspäteten Bestellungen oder Fertigungsaufträgen betroffene Kundenaufträge ermitteln.

Für einen Zugang oder einen Bedarf können über das Pegging-Netz auch Alerts für Planungsprobleme angezeigt werden, die auf tieferen Produktionsstufen auftreten. Ist beispielsweise der Sekundärbedarf für eine Komponente nicht ausreichend gedeckt, so kann auch für das Endprodukt ein sogenannter Netzwerk-Alert erzeugt werden, der auf die Unterdeckungssituation auf Komponentenebene hinweist.

Modell-Mix-Planung

Mit der Modell-Mix-Planung steht für die getaktete Fließfertigung von konfigurierten Produkten, wie beispielweise Motoren, mit hohem Auftragsvolumen eine spezielle Komponente zur Verfügung. Die konfigurierten Produkte werden dabei häufig gemeinsam auf einer Fertigungslinie oder einem Liniennetz hergestellt. Ziel der Planung ist es, im mittel- bis langfristigen Planungshorizont einen Produktionsplan zu erstellen, wobei die Planung zunächst nur periodengenau (Tag oder Schicht) erfolgt. Im kurzfristigen Planungshorizont wird über die Sequenzplanung dann die optimale Auftragsreihenfolge mit exakten Start- und Endterminen innerhalb der Perioden ermittelt.

Rapid Planning Matrix

Bei der kundenauftragsorientierten Herstellung variantenreicher Produkte mit sehr hohem Auftragsvolumen, wie sie beispielsweise in der Automobil- oder Elektroindustrie verbreitet ist, kann der Komponentenbedarf über die Rapid Planning Matrix (RPM) geplant werden. Die Produkte werden dabei gemeinsam auf einem Liniennetz gefertigt, das aus mehreren hintereinander und parallel angeordneten Linien bestehen kann.

Spezielle Heuristiken stehen auch zur Planung von Aufträgen mit kontinuierlichen Zu- und Abgängen zur Verfügung, wie sie typisch für die Produktion großer Lose eines Materials über mehrere Perioden hinweg sind. Dabei erfolgt der Produktionsausstoß im Allgemeinen nicht zum Abschluss des Auftrags auf einmal, sondern kontinuierlich über den gesamten Produktionszeitraum hinweg. Ebenso soll die Bereitstellung der für die Produktion benötigten Komponenten nicht zu Beginn der Produktion, sondern über verschiedene Perioden verteilt kontinuierlich erfolgen.

2.6.5 Globale Verfügbarkeitsprüfung (Global Available-to-Promise - GATP)

Die Lieferbereitschaft eines Enderzeugnisses kann mit Hilfe des SAP APO über Unternehmens- und Systemgrenzen hinweg auch in heterogenen Systemlandschaften geprüft werden. Hierzu wird bei der Kundenauftragserfassung im OLTP-System die Globale Verfügbarkeitsprüfung (GATP-Global Avaliable-to-Promise) im SAP APO aufgerufen. Dabei können verschiedene Basismethoden sowie erweiterte Methoden der Verfügbarkeitsprüfung verwendet werden.

Produktverfügbarkeitsprüfung

Die Basismethoden umfassen dabei die elementaren Methoden, wie die Produktverfügbarkeitsprüfung unter Einbeziehung eines Prüfhorizontes sowie die Prüfung gegen Kontingente und die Vorplanung. Über die erweiterten Methoden können zum einen die Basismethoden kombiniert sowie die regelbasierte Verfügbarkeitsprüfung, die mehrstufige Verfügbarkeitsprüfung und die Prüfung gegen die aktuelle Produktionsplanung durchgeführt werden.

In der regelbasierten Verfügbarkeitsprüfung kann dabei über die Lokationsfindung nach verfügbaren Mengen eines Produkts an verschiedenen Standorten und Lagern gesucht werden. Über die Produktsubstitution kann zusätzlich, bei nicht ausreichender Menge, nach alternativen Produkten gesucht werden. Wird keine ausreichende Menge gefunden, so kann automatisch die Produktions- und Feinplanung aufgerufen werden.

Mehrstufige Verfügbarkeitsprüfung

Bei der mehrstufigen Verfügbarkeitsprüfung kann während der Prüfung die Stücklistenauflösung angestoßen werden. Die Stückliste wird dabei unter Berücksichtigung einer eventuell vorhandenen Konfiguration sukzessive aufgelöst. Auf Komponentenebene kann erneut eine regelbasierte Verfügbarkeitsprüfung mit Produktsubstitution und Lokationsfindung durchgeführt werden. Das Ergebnis der Stücklistenauflösung und Substitutionen auf Komponentenebene wird zunächst als sogenannte ATP-Baumstruktur gespeichert und kann anschließend in konkrete Aufträge umgesetzt werden. Abbildung 2.10 zeigt die aus der Verfügbarkeitsprüfung resultierende ATP-Baumstruktur.

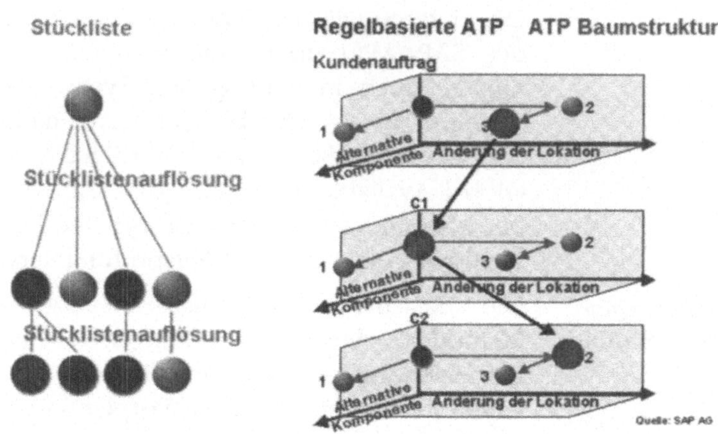

Abbildung 2.10: Mehrstufige, regelbasierte Verfügbarkeitsprüfung (MLATP)

Capable-To-Promise (CTP) Prüfung

Über die Capable-To-Promise (CTP) Prüfung kann eine Verfügbarkeitsprüfung direkt gegen die aktuelle Produktions- und Feinplanung durchgeführt werden. Diese wird bei nicht vollständiger Verfügbarkeit des angeforderten Produkts automatisch aufgerufen, um die restliche Menge zu produzieren oder extern zu beschaffen. Im Gegensatz zu der mehrstufigen ATP-Prüfung entstehen dabei auf den einzelnen Fertigungsstufen immer sofort konkrete Planaufträge oder Bestellanforderungen, wobei die Verfügbarkeit von Kapazitäten und Komponenten berücksichtigt wird. Der so ermittelte Produktionstermin für das angeforderte Produkt dient dann als Grundlage für den bestätigten Verfügbarkeitstermin.

2.6.6 TP/VS - Transport Planning / Vehicle Scheduling

Der Bereich Transportplanung und Fahrzeugterminierung (TP/VS) kann in die beiden Teilkomponenten Transportplanung und Fahrzeugterminierung untergliedert werden. Gegenstand der Transportplanung ist die mittel- bis langfristige Disposition, während sich die Fahrzeugterminierung mit der kurzfristigen Planung und Streckenermittlung befasst.

Ziel beider Komponenten ist die möglichst optimale Auslastung der verfügbaren Transportkapazitäten auf LKWs, Zügen, Schiffen und Flugzeugen. Ladekapazitäten sollen dabei möglichst effizient geplant und eine pünktliche und kostengünstige Lieferung sichergestellt werden.

Über den TP/VS-Optimierer ist eine kostengünstige Zuordnung von Aufträgen auf Fahrzeuge mit Ermittlung von Lieferreihenfolgen und Transportterminen möglich. Neben den Fahrtzeiten und Fahrzeugkapazitäten können dabei beispielsweise auch Inkompatibilitäten zwischen Produkten und Transportmitteln sowie die Öffnungszeiten von Be- und Entladeressourcen berücksichtigt werden.

Collaboration

Ferner stehen im Bereich Transportplanung unternehmensübergreifende Prozesse zur Unterstützung der Zusammenarbeit von Herstellern und den Transportdienstleistern zur Verfügung. Hersteller können ihre Transportdienstleister über ihre Lieferpläne im Internet informieren. Diese können vom Transportdienstleister direkt angenommen, abgelehnt oder geändert werden. Beispielsweise kann der Planer des Transportdienstleisters einen alternativen Abhol- oder Liefertermin vorschlagen.

Im SAP APO findet dabei ausschließlich die Planung statt. Ausführende Funktionen, wie die Durchführung von Transporten und Lieferungen, werden im OLTP-System durchgeführt.

2.6.7 Branchenausrichtung

Neben den allgemeinen Planungsfunktionen sind zahlreiche industriespezifische Erweiterungen im SAP APO enthalten oder im Rahmen von branchenspezifischen Lösungen verfügbar [SAP 2001].

Für die Automobilindustrie existieren mit der Modell-Mix-Planung beispielsweise Funktionen zur getakteten Fließfertigung von konfigurierten Produkten sowie Funktionen zur kooperierenden Abrufabwicklung von Lieferplänen. Für die kundenorientierte Serienfertigung steht mit der Rapid Planning Matrix eine Planungsfunktion für sehr hohe Auftragsvolumina zur Verfügung.

Characteristics-Dependent Planning

Die merkmalsabhängige Planung (Characteristics-Dependent Planning) wird bei Unternehmen der Veredelungsindustrie, wie beispielsweise Stahlherstellern, eingesetzt. Zwischenprodukte können dabei durch Merkmale, wie beispielsweise Geometrie und Güte, beschrieben werden, ohne einem einzelnen (Kunden-) Auftrag fest zugeordnet zu sein. Die Produktion erfolgt in Kundenauftragsfertigung für die Endprodukte, bei den Zwischenprodukten handelt es sich um Lagerfertigung. Ferner können über die Blockplanung zeitliche Abschnitte definiert werden, in denen eine Ressource ein oder mehrere Produkte mit denselben Eigenschaften bearbeitet.

Für die Prozessindustrie existieren beispielsweise spezielle Funktionen zur Planung von Kampagnen sowie zum Umgang mit Behälterressourcen wie Tanks.

Vendor Managed Inventory

In der Konsumgüterindustrie kommen Funktionen, wie Vendor Managed Inventory (VMI) zum Einsatz, bei denen der Lieferant die Disposition seiner Materialen im Unternehmen des Kunden durchführt.

In der Nahrungsmittelindustrie können bei der Planung die Haltbarkeits- und Reifezeiten von Produkten berücksichtigt werden. Ferner bietet der SAP APO Unterstützung bei der Planung ohne Verbraucher (Push-Produktion). Dabei wird ausgehend vom Rohstoff (z.B Milch) entschieden, welche Endprodukte (Milch, Käse, Jogurt usw.) hergestellt werden.

2.7. Durchführung von SCM-Projekten

Supply Chain Management zeichnet sich durch einen ganzheitlichen Ansatz zur Betrachtung der logistischen Funktionen aus. Dieser erhöht zunächst zwangsläufig die Komplexität von SCM-Projekten. Das Konzept bietet aber auch große Potenziale zur Effizienzsteigerung der Logistikkette und zur Kostensenkung.

2.7.1 Nutzenpotenziale

Die einzelnen Planungsbereiche im SAP APO können grundsätzlich unabhängig voneinander eingesetzt werden. Dies zeigt sich auch in den meisten SAP APO-Implementierungen, wo zunächst die Bereiche angegangen werden, die das größte Potenzial versprechen [SAP 2002].

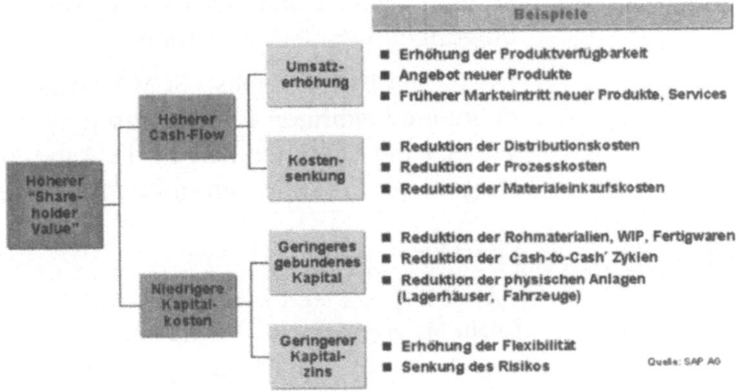

Abbildung 2.11: Nutzenpotenziale von SCM Projekten

2.7.2 Erfolgsfaktoren

Welche Faktoren tragen nun zum Erfolg eines Supply Chain Projektes bei? Neben der Technologie spielen auch die Organisation und die Prozesse eine entscheidende Rolle.

Zunächst sind klare Zielvorgaben sowie ein eindeutiges Commitment der Geschäftsleitung zu dem Projekt erforderlich. Dabei sollte die langfristige Ausrichtung des Unternehmens und eine damit verbundene langfristig orientierte Nutzenbetrachtung im Vordergrund stehen. Die Verantwortung für die Umsetzung im Rahmen des Projektes sollte dabei ebenfalls auf der Managementebene liegen.

Organisatorische Aspekte

Die Umsetzung von Supply-Chain-Konzepten geht zwangsläufig mit neuen Abläufen und Prozessen einher. Die damit verbundenen Prozessanpassungen sowie organisatorischen Änderungen müssen vor der Implementierung geklärt sein. Dieser Schritt kann durch den Rückgriff auf vordefinierte

Prozesse, wie sie mit Best Practices für mySAP SCM zur Verfügung stehen, beschleunigt werden. In diesem Zusammenhang ist häufig auch eine Optimierung der vorhanden Stammdaten und Schnittstellen sinnvoll.

Neben der Prozesskomplexität wächst auch die Komplexität der Systemlandschaft und erfordert dadurch IT-seitig einen höheren Aufwand. Spätere Performanceprobleme können dabei durch frühzeitige Tests unter Produktivbedingungen vermieden werden.

Die Umsetzung eines SCM-Projekts in kleinen, klar definierten Schritten führt zu rasch sichtbaren Erfolgen und versetzt die Unternehmen in die Lage, frühzeitig Effizienzsteigerungen und Kostensenkungen zu realisieren.

2.8 Literatur

[SAP 2001] SAP (ed.): Solutions for Success – mySAP Supply Chain Management, Materialnummer 50 056 418.

[SAP 2002] SAP (ed.): Potenziale aufdecken und nutzen. In: SAP INFO – mySAP Supply Chain Management: Anpassungsfähig und flexibel, Materialnummer 50 052 703.

[Wieser, Lauterbach 2001] Oswald Wieser, Bernd Lauterbach: Supply Chain Event Management mit mySAP SCM (Supply Chain Management). In: *HMD Praxis der Wirtschaftinformatik*, Heft 219, Juni 2001, ISBN: 3-89864-103-1.

[Bartsch, Bickenbach 2001] Helmut Bartsch; Peter Bickenbach: Supply Chain Planning mit SAP APO, 2. Auflage, Galileo, Bonn, ISBN: 3-89842-111-2.

[Nissen 2000] Volker Nissen: Simulationsmöglichkeiten in SAPs Supply Chain Management Werkzeug Advanced Planner & Optimizer. In: *Information Management & Consulting* 15 4, 79-85.

3 Überblick SAP Advanced Planner & Optimizer Einsatz in verschiedenen Branchen

Matthias Bothe,
DHC Business Solutions GmbH

3.1 Zusammenfassung

Der Beitrag gibt einen Überblick über eingeführte und geplante APO Szenarien in verschiedenen Branchen. In einer Matrix wird zunächst ein Überblick gegeben, welche Module in welchen Unternehmen eingeführt und welche Prozesse optimiert wurden. Anschließend werden die einzelnen Beispiele näher erläutert. Es wird das Ziel verfolgt, branchenübergreifende Gemeinsamkeiten und branchenspezifische Besonderheiten zu verdeutlichen. Der Beitrag soll anhand von Praxisbeispielen eine erste Vorstellung vermitteln, welche Geschäftsprozesse über den APO in einer bestimmen Branche optimiert werden können. In den anschließenden Beiträgen werden ein Teil der Szenarien näher beleuchtet.

3.2 Einleitung

Unsere Wirtschaft gewährleistet heute mit einer Vielzahl von Supply Chains die Versorgung der Märkte mit Produkten. Die Supply Chains haben branchenspezifische Unterschiede, aber auch viele Gemeinsamkeiten. Für die Betrachtung der Funktionen einer Supply Chain – und damit auch der Ansatzpunkte für die Optimierung – bietet sich eine Unterscheidung in interne und externe Supply Chain Funktionen an. Intern meint hierbei die Supply Chain Funktionen, die in einem Unternehmen liegen wie Absatzplanung, Kundenauftragsabwicklung, Produktion und Bestandsführung in zentralen und dezentralen Lägern. Extern

Interne und externe Supply Chain Funktion

meint die Anbindung von Lieferanten, Kunden und Logistikdienstleistern. Die SAP adressiert mit ihrer SCM Lösung mySAP SCM sowohl die internen wie auch die externen SCM Funktionen und bietet somit eine Vielzahl von Möglichkeiten für die Optimierung der Supply Chain und damit die Verbesserung der Wettbewerbsposition eines Unternehmens. Zukünftig wird nicht das Unternehmen im Wettbewerb eine herausragende Stellung einnehmen, das ein erstklassiges Produkt anbietet, sondern dieses erstklassige Produkt mit einem erstklassigen Service verbindet. Und Service heißt letztendlich Verfügbarkeit des Produkts beim Kunden. Beeinflusst wird die Verfügbarkeit beim Kunden bei möglichst geringen Kosten wesentlich durch die Qualität des Supply Chain Managements.

Erfahrungen aus den mySAP SCM/APO Einführungsprojekten

Für die Optimierung der internen und externen Supply Chain Funktionen gibt es eine Vielzahl von Angriffspunkten. Eine davon sind die unterstützenden IT-Systeme. Nur welche nutzt man und in welcher Reihenfolge geht man vor? Diese Frage bewegt heute eine Vielzahl von Unternehmen. Um bei der Beantwortung dieser Frage zu unterstützen, haben wir nachfolgend unsere Erfahrungen aus den mySAP SCM Einführungsprojekten zusammengetragen. Inzwischen gibt es eine Vielzahl von Unternehmen, die Funktionen aus mySAP SCM eingeführt haben; um genauer zu sein, R/3 und die Planungskomponente APO für die Optimierung der internen Supply Chain. Es hat sich deutlich gezeigt, dass gerade der APO als zentrales Planungswerkzeug von mySAP SCM branchenspezifisch unterschiedlich eingesetzt wird. Die Unterschiede im Einsatz sind zum einen durch die einzelnen Module des APO bedingt: Absatzplanung im DP (Demand Planning), Bestands- und Produktionsgrobplanung im SNP (Supply Network Planning), Produktionsfeinplanung im PP/DS (Production Planning and Detailed Scheduling), Transportplanung im TP/VS (Transportation Planning and Vehicle Scheduling) und Auftragsabwicklung im ATP (Available-to-Promise). Nicht jedes Modul kommt bei jedem Produktionstyp zum Einsatz. Zum anderen ist die Art des Einsatzes abhängig davon, ob eine Bestands-orientierte Fertigung (Make-to-

Branchenspezifische Unterschiede

Stock) oder eine Auftrags-orientierte Produktion (Make-to-Order) vorliegt. Zu beantworten ist, was die treibenden Faktoren der einzelnen Stufen in der Supply Chain sind: Der Kundenauftrag oder die anonyme Absatzprognose? Einer der wesentlichen Vorteile des APO ist, dass unabhängig von dem Typ der Produktion (auftrags- oder prognosegetrieben) eine komplette Verkettung aller Aufträge über alle Stufen der Supply Chain vom Kundenauftrag oder der Prognose über die Produktionsaufträge der verschiedenen Stufen bis hin zur Bestellung vorgenommen wird. Das heißt, es wird über die Supply Chain ein **„Auftragsnetz"** aufgebaut, das ermöglicht, alle Stufen möglichst optimal aufeinander abzustimmen. Durchlaufzeiten können reduziert und Kapazitäten optimaler ausgelastet werden. Dies führt letztendlich zu einer Senkung der Bestände bei gleichzeitiger Erhöhung der Lieferfähigkeit und Reduzierung der Produktions- und Logistikkosten pro Stück.

Optimierung Durchlaufzeiten Kapazitätsauslastung und Bestände

Innerhalb der einzelnen APO-Module bestimmen dann produkt- und fertigungsspezifische Faktoren die Konfiguration und auch die Einsetzbarkeit des Moduls.

Um eine Frage, die uns oft zu Beginn von Projekten gestellt wird, vorweg deutlich zu beantworten:

Der APO kann modulweise eingeführt werden.
Nicht alle Module des APO müssen eingeführt werden.

Nachfolgend wird ein Überblick über die Art des Einsatzes des APO in verschiedenen Branchen als Orientierung gegeben. Es werden APO-Szenarien anhand von konkreten Beispielen vorgestellt. Die Szenarien des APO-Einsatzes in der jeweiligen Branche sind sicherlich nicht komplett. Beschrieben sind aber die Prozesse, die in der jeweiligen Branche mit höchster Priorität (und damit mit höchstem Nutzen) implementiert wurden. Sie zeigen die Möglichkeiten zur Optimierung der Produktions- und Distributionslogistik auf. Die erläuterten Beispiele sind zum Teil auf andere Branchen übertragbar und sollen als Orientierungshilfe verstanden werden. Wie so oft finden die Innovationen in Branchen mit dem höchsten Kostendruck statt und werden dann auf andere Branchen übertragen.

In den anschließenden Beiträgen werden dann drei Supply Chains herausgenommen und der Einsatz des APO in den Unternehmen der Supply Chain detaillierter beschrieben:

- Bei Mahle als Zulieferer und ZF Sachs Handel als Versorger des Ersatzteilmarktes (Aftermarket) in der Automotive Supply Chain (Beiträge von Fackovic und Scheuring).
- Bei Hydro Aluminium in der Aluminiumherstellung und der Weiterverarbeitung zu Verpackungsmaterial (Beiträge von Träger und Högner).
- Bei einem Markenartikelhersteller der Konsumgüterindustrie (Beitrag von Ketterer).

3.3 Überblick APO in den einzelnen Branchen und Supply Chains

Branche	Unternehmenstyp	Optimierter Prozess	DP	SNP	PP/DS	ATP	TP/VS
Automotive	1-Tier Supplier	Produktion			x	x	
	OEM	Produktion & Distribution			x	x	
	After Market	Distribution	x	x		x	
Chemie/Pharma	Pharma	Produktion & Distribution	x	x	x		
	Chemie	Produktion			x		
Konsumgüter	Befestigungstechnik	Produktion & Distribution	x	x	x		
	Nahrungsmittel	Absatzplanung	x				
	Verpackung	Produktion			x		
Papier/Stahl	Papier	Produktion	x		x	x	
	Stahl	Distribution					x
Maschinenbau	Einzelfertiger	Produktion	x		x	x	
	Serienfertiger	Ersatzteilversorgung	x	x			
Elektronik	Hersteller	Produktion & Distribution	x	x	x		

Tabelle 3.1: Überblick Szenarien mit den jeweils eingeführten bzw. geplanten APO Modulen

In den nachfolgenden Kapiteln werden die in der Tabelle 3.1 aufgeführten Konstellationen des APO in den einzelnen Supply Chains anhand von Projekten beispielhaft erläutert.

3.4 Optimierung der Automotive Supply Chain

In der Automotive Supply Chain wird der APO für die Optimierung der Produktions- und Distributionslogistik bei

- Lieferanten,
- Herstellern und
- After Market Organisationen, die den Ersatzteilmarkt bedienen,

eingesetzt (Abbildung 3.1) Diese drei Szenarien werden nachfolgend erläutert.

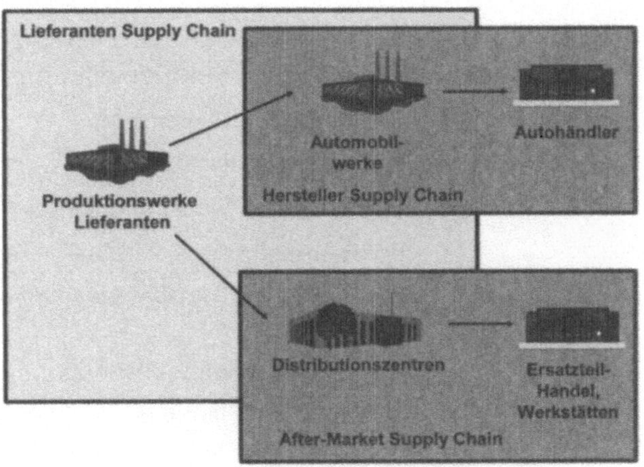

Abbildung 3.1: Automotive Supply Chain

3.4.1 Optimierung der Produktion am Beispiel eines 1st-Tier Lieferanten

OEM und After-Market Logistik

Bei Lieferanten, die sowohl den OEM (Original Equipment Manufacturer) als auch den Ersatzteilmarkt bedienen, finden wir naturgemäß eine stark produktionsorientierte Supply Chain vor (Abbildung 3.2). Eines der Hauptziele besteht in der optimalen Auslastung der Produktion. In dem Beitrag von Fackovic über die „Optimierung der

Supply Chain von MAHLE" wird dieses Szenario detaillierter beschrieben.

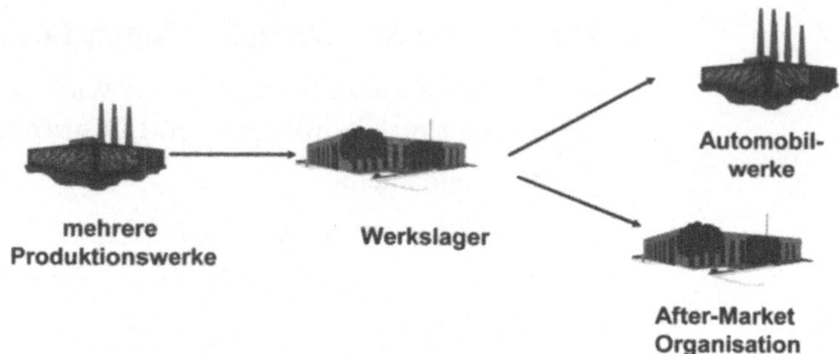

Abbildung 3.2: Supply Chain eines 1-Tier Supplier innerhalb der Automotive Supply Chain

Anforderungen eines 1-Tier Suppliers

Die typischen Anforderungen eines 1-Tier Suppliers für die Optimierung der Produktionsplanung sind:

- Steigerung der Liefertreue
- Reduzierung der Eilaufträge
- Erhöhung der Transparenz in der Produktion
- Erhöhung der Kapazitätsauslastung in der Produktion
- Erhöhung der Transparenz über Alternativen bei der Lieferung
- Werksübergreifende Planung
- Einheitliches Planungs- und Terminbestätigungs-System für die Werke

Optimierte Produktionsplanung

Zur Erreichung dieser Ziele wurde der APO bei einem Automobilzulieferer mit den Modulen ATP und PP/DS als Ergänzung zum R/3 SD und PP eingeführt (Bothe [1999a]). Der APO unterstützt die Terminfindung bei der Kundenauftragsbestätigung und führt eine optimierte Produktionsplanung durch, die simultan die Material- und Maschinenverfügbarkeit berücksichtigt. Über die Einführung des APO wird vor allem das Ziel verfolgt, den Bruch zwischen Kunden- und Fertigungsplanung im R/3 aufzuheben.

In der nachfolgenden Abbildung 3.3 wird das Zusammenspiel zwischen R/3 und APO dargestellt.

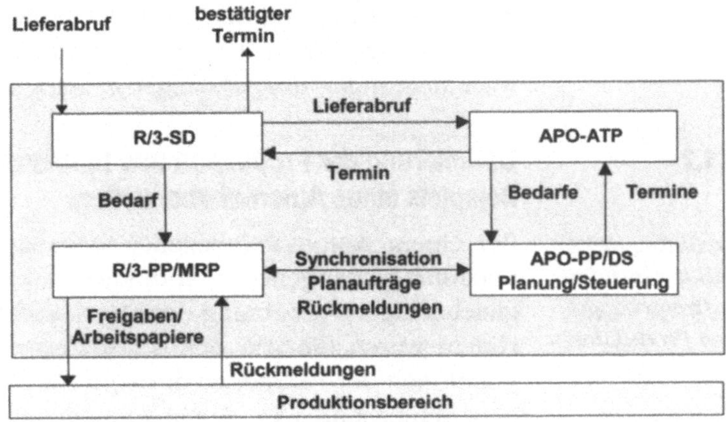

Abbildung 3.3: Funktionsverteilung zwischen R/3 und APO bei einem Automobilzulieferer (nach Bothe [1999a])

Lieferabrufe werden von R/3 SD an den APO ATP für die Verfügbarkeitsprüfung übergeben. Bei der Prüfung werden vorhandene Bestände sowie dispositive Zu- und Abgangselemente berücksichtigt. Weiterhin wird die Materialverfügbarkeit der Komponenten über eine Stücklistenauflösung geprüft. Alternative Lokationen sowie alternatives Material können in den Betrachtungsumfang aufgenommen werden. Der ermittelte Termin wird dann an das SD zurückgegeben.

Simultane Berücksichtigung von Kapazitäten und Materialverfügbarkeit

Kann der Bedarf nicht durch vorhandenen Bestand oder geplante Produktionen gedeckt werden, wird ein neuer Auftrag inklusive aller abhängigen Bedarfe (Eigenfertigung und Beschaffung) in die Produktion im APO PP/DS eingeplant. Bei der Einplanung werden simultan Kapazitäten und Materialien berücksichtigt. Um das Mengenvolumen der zu verplanenden Aufträge und Arbeitsgänge nicht zu stark anwachsen zu lassen, wird die Produktionsplanung im APO PP/DS nur für die kritischen Teile durchgeführt.

Die restlichen Teile werden über den MRP Lauf des R/3 PP disponiert. Im APO erfolgt eine detaillierte Maschinenbelegungsplanung. Alle erzeugten Aufträge werden mit Terminen in das R/3 PP zurückgegeben und dort terminlich fixiert. Die Fertigungsauftragsabwicklung mit der Freigabe der Aufträge, dem Druck der Arbeitspapiere und der Rückmeldungen der Arbeitsgänge erfolgt im R/3 PP.

3.4.2 Optimierung der Produktion und Distribution anhand des Beispiels eines Automobilherstellers

Erhöhung des Anteils der kundenauftragsbezogenen Produktion

Bei einem Automobilhersteller sollte der Anteil der kundenauftragsbezogenen Produktion der Fahrzeuge bei gleichzeitiger Verkürzung der Durchlaufzeit erhöht werden. Hierzu waren die von den Autohäusern verkauften Konfigurationen der Fahrzeuge direkt in die Produktionsplanung einzuschleusen. Der Auslieferungstermin sollte ermittelt und bestätigt werden (Abbildung 3.4).

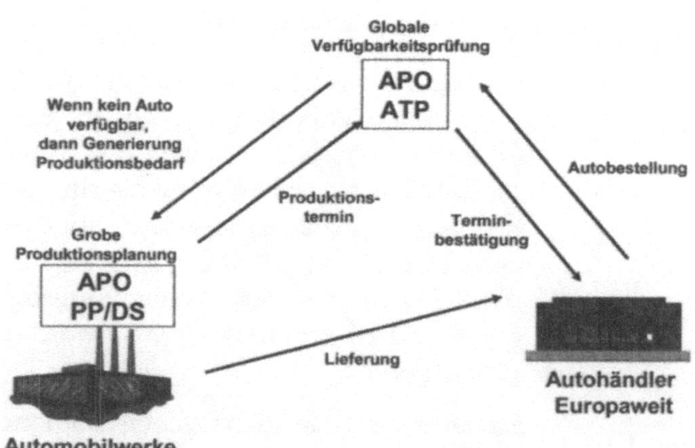

Abbildung 3.4: Integration ATP Prüfung und Produktionsgrobplanung bei einem Automobilhersteller

Ergänzend zum R/3 SD wird der APO ATP für die Verfügbarkeitsprüfung beim Autohersteller eingesetzt. Die Produktionsgrobplanung wird im APO PP/DS als Aufsatz zum R/3 PP durchgeführt (Abbildung 3.4). Die Auto-Bestellung wird vom Autohaus über das Internet mit Merkmalen des Autos erfasst. Aus den erfassten Merkmalen werden weitere Merkmale für die Verfügbarkeitsprüfung generiert. Der Auftrag mit den Merkmalen wird vom R/3 SD an den APO ATP für einen merkmalsbasierten ATP Check übergeben. Basierend auf festgelegten Regeln wird die Verfügbarkeitsprüfung durchgeführt (Abbildung 3.4). Wenn kein Auto der gewünschten Konfiguration auf Lager steht, wird der Auftrag direkt in die zentrale Produktionsplanung im APO PP/DS eingelastet. Die Produktionsplanung wird im PP/DS grob durchgeführt - im Gegensatz zum eigentlichen Anwendungsgebiet des PP/DS. Das heißt, dass die einzelnen Fahrzeuge in die einzelnen Werke über einen längeren Zeitraum finit hintereinander eingeplant werden. Der ermittelte Produktionstermin wird online an die ATP-Prüfung und dann an das Autohaus zurückgegeben. Die Steuerung und Feinplanung der Produktion erfolgt anschließend außerhalb des APO PP/DS vor Ort in den einzelnen Werken.

ATP-Prüfung

Produktionsgrobplanung

3.4.3 Optimierung der After-Market Logistik am Beispiel eines Reifenherstellers

Das mögliche Szenario zur Optimierung der Logistik in einer After-Market Organisation (Abbildung 3.5) wird nachfolgend am Beispiel eines Reifenherstellers erläutert [Bothe 1999a und Bothe 2000a]. In dem Beitrag von Scheuring über die „Optimierung der Supply Chain bei Sachs Handel" wird dieses APO-Szenario detaillierter vorgestellt. Der APO Einsatz bei Sachs Handel umfasst noch, im Gegensatz zur Reifendistribution, die Verpackungsplanung. In der Reifendistribution spielt dieser Prozess keine Rolle.

Ziele der APO-Einführung

Die Ziele der APO-Einführung waren:

- Reduzierung der Lager- und Bestandskosten
- Senkung der Transportkosten
- Verkürzung der Auftragsbearbeitungszeit
- Reduzierung der Bestände
- Erhöhung der Lieferqualität und –treue

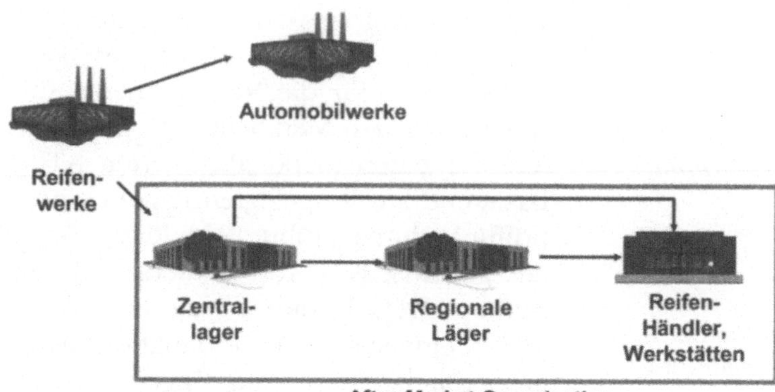

Abbildung 3.5: After Market Supply Chain innerhalb der Automotive Supply Chain

Für die Umsetzung dieser Ziele wurden mit APO DP der Forecasting Prozess und mit APO ATP in Verbindung mit SNP die Kundenauftragsbearbeitung optimiert. Der Erfassung der Kundenaufträge und die Abwicklung der Transportaufträge erfolgt über mehrere R/3 Systeme (siehe nachfolgende Abbildung 3.6).

Zentrales APO, dezentrale R/3 Systeme

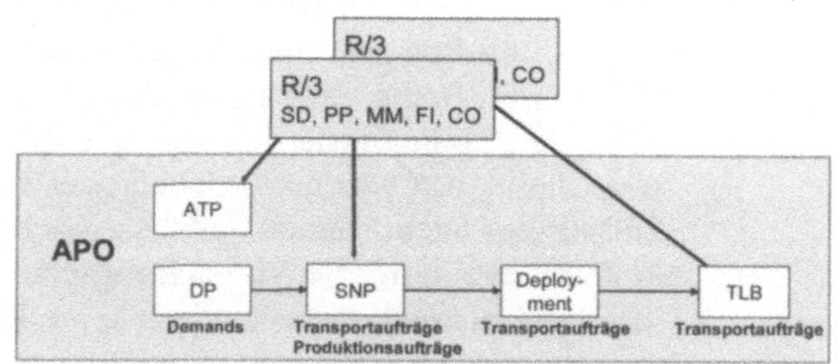

Abbildung 3.6: APO ATP, DP und SNP bei einem Reifenhersteller (nach Bothe [1999a])

Über das APO Demand Planning werden die Forecasts dezentral für die einzelnen Reifentypen eingestellt. Von den angeschlossenen R/3 SD Systemen werden die Kundenaufträge in den APO übernommen. Über die Distributionsplanung im SNP werden dann die Forecast- und Kundenauftragsmengen auf die einzelnen Distributionscenter verteilt und mit der Produktionsplanung abgeglichen.

Kundenauftragsabwicklung

Als zweiter Prozeß wird die Terminermittlung für einen Kundenauftrag bei der Auftragsannahme im APO abgewickelt. Im ATP werden über Substitutions- und mengenabhängige Regeln Bestände ermittelt und dem Kundenauftrag zugeordnet. Zu den ATP Reservierungen werden dann entsprechende Transportaufträge erzeugt, die im R/3 abgearbeitet werden, d.h. es werden die Kommissionieraufträge und Lieferscheine erzeugt.

3.5 Optimierung der Konsumgüter Supply Chain

In der Konsumgüter Supply Chain (Abbildung 3.7) sind neben dem Handel, der hier nicht weiter betrachtet wird, Optimierungspotenziale für den Einsatz des APO in der

- Produktionslogistik bei Verpackungsmaterialherstellern und
- in der Produktions- und Distributionslogistik bei Konsumgüterherstellern.

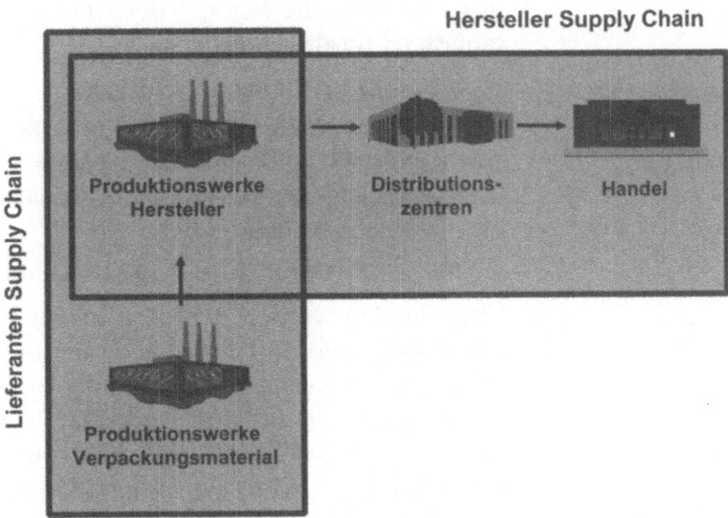

Abbildung 3.7: Konsumgüter Supply Chain

3.5.1 Optimierung der Produktion und Distribution am Beispiel eines Unternehmens der Befestigungstechnik

Bei einem Unternehmen der Befestigungstechnik sollten über die Synchronisation der Distribution mit der Produktion die Bestände deutlich gesenkt werden (Abbildung 3.8). Mehrere Produktionswerke versorgen die einzelnen Auslieferungsläger in Europa. Abgesetzt werden die Produkte sowohl über Baumärkte als auch den Fachhandel.

Abbildung 3.8: Supply Chain bei einem Hersteller der Befestigungstechnik

Für die Optimierung der Produktions- und Distributionslogistik werden alle Module des APO in Verbindung mit R/3 eingesetzt [Bothe 2000a]:

Einsatz der APO Module DP, SNP, PP/DS und ATP

- APO DP für die Abatzplanung
- APO SNP für die Steuerung der Reichweite der Bestände und die Produktionsgrobplanung
- APO PP/DS für die Produktionsfeinplanung in den einzelnen Werken
- APO ATP für die Auftragsabwicklung

Über das DP werden dezentral in den einzelnen Regionen die Absatzpläne mit Monatsbedarfen erzeugt und zu einem Absatzplan aggregiert. Der Absatzplan wird täglich gegen die Ist-Bestände im SNP abgeglichen. Das SNP ermittelt über die eingestellten Reichweiten auf den Produkten in den einzelnen Lagern den Nachschubbedarf und lastet die Produktionsaufträge grob auf den einzelnen Werken ein. Pro Werk wird dann eine Produktions- und Feinplanung (Optimierung) im PP/DS durchgeführt. Die Optimierung der Produktionspläne erfolgt im wesentlichen nach Termin und Rüstkosten. Die Fertigungsauftragsabwicklung erfolgt im R/3 PP. Die Kundenaufträge werden im R/3 SD erfasst und an das ATP übergeben. Über das ATP werden die Bestände zugeordnet und die entsprechenden Reservierungen im R/3 erzeugt. Im R/3 werden die Stammdaten für die Planung im APO verwaltet (Stücklisten, Arbeitspläne), die Bestände geführt sowie die operative Beschaffung und das Produktionscontrolling durchgeführt (Abbildung 3.9).

Zentrale und dezentrale Funktionen im APO

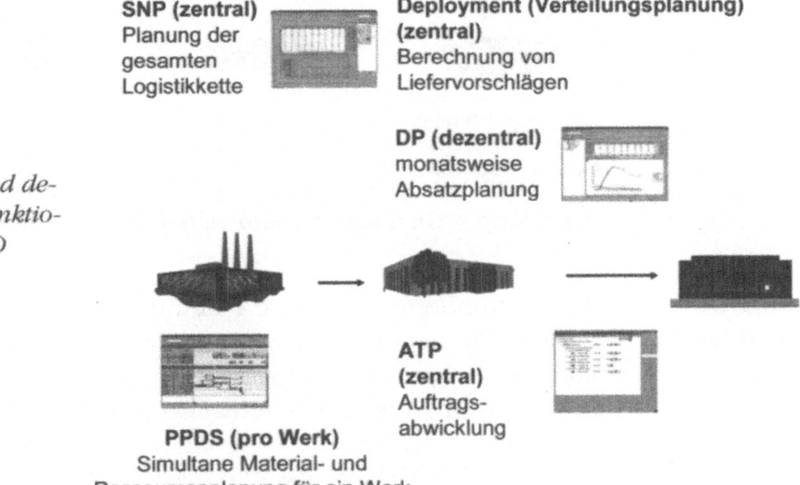

Abbildung 3.9: APO Funktionen bei einem Hersteller der Befestigungstechnik (nach Bothe [2000a])

3.5.2 Optimierung der Absatzplanung am Beispiel eines Nahrungsmittelherstellers

Bei einem Hersteller von Nahrungsmitteln (Abbildung 3.10) wurde als erster Schritt in der Einführung eines Supply Chain Managements eine zentrale Absatzplanung über alle Geschäftsbereiche realisiert. Eingesetzt wird hierfür das APO DP.

Die Kern-Anforderungen an den APO im Vorfeld des Projekts waren:

Ziele und Anforderungen der APO-Einführung

- Erhöhung der Forecast Qualität und damit Senkung der Bestände durch
  - Kunden- und
  - artikelspezifische Planungsparameter
- Vergleich der Prognosen mit den tatsächlichen Verkäufen
- Integration der Promotionen in die Absatzplanung
- Automatisierte Planung der Standardartikel

Abbildung 3.10: Supply Chain Nahrungsmittelhersteller

Planung der Standardartikel

Für die Kunden-individuelle Planung werden für die Großkunden, die ein Großteil des Umsatzes ausmachen, die Artikel kundenspezifisch geplant. Die Planung erfolgt mehrere Monate im voraus wochenweise rollierend. Für die Planung der Standardartikel wurden entsprechende Prognoseprofile eingerichtet, die eine Automatisierung der Planung ermöglichen. Über automatisch erzeugte Warnmeldungen wird die Planung überwacht. Nicht standardisierbare Artikel werden individuell durch den Planer bearbeitet.

Integration Key-Account Manager in die Absatzplanung

Die gesamt Absatzplanung besteht aus einem Zusammenspiel zwischen Absatzplanern und Key-Account Managern. Die Absatzplaner planen den normalen Absatz i.d.R. mit Hilfe statischer Prognoseverfahren. Die Key-Account Manager planen die Promotionen, die mit ihren Kunden abgesprochen sind. Die komplette Planung wird dann verdichtet und an die Produktion weitergegeben. Die Genauigkeit der normalen und der Promotions-Planung wird permanent gegen den Ist-Absatz mit Hilfe von zwei Kennzahlen gemessen.

APO-Kopplung zu Fremdsystemen

Das Interessante an dieser Einführung war, dass der APO DP als erstes SAP Modul eingeführt wurde und somit komplett in einer Fremdsystemumgebung integriert werden musste. Über eine Excel-Schnittstelle erfolgt die Übernahme der historischen Absatzdaten als Grundlage für die Prognose an den APO DP. Das Ergebnis der Planung wurde an ein Manufacturing Execution System weitergegeben. Zeitlich versetzt wurde SAP R/3 eingeführt und zum APO integriert.

3.5.3 Optimierung der Produktion am Beispiel eines Verpackungsmaterialherstellers

Rüstoptimale Belegungsplanung

Bei der Verpackungsmaterialherstellung liegt der Fokus in der Supply Chain auf der optimalen Produktionsauslastung. Der erlösbare Deckungsbeitrag pro Verkaufseinheit ist relativ niedrig, so dass eine hohe Auslastung der Fertigung gewährleistet sein muss. Die Anzahl der Fertigungsstufen ist niedriger als bei einem Automobilzulieferer. Die Anzahl der Varianten aufgrund der kundenspezifischen Gestaltung der Verpackung ist aber immens hoch, so dass die größte Herausforderung in der rüstoptimalen Belegungsplanung bei gleichzeitig hohem Durchsatz in der Produktion besteht.

Bei einem Verpackungsmaterialhersteller (Abbildung 3.11) wurde in einem ersten Schritt ein Fertigungssteuerungssystem auf Basis des APO PP/DS implementiert [Bothe 2000b]. Ziel war es, ein Template aufzubauen, das europaweit in verschiedene Werke ausgerollt werden sollte.

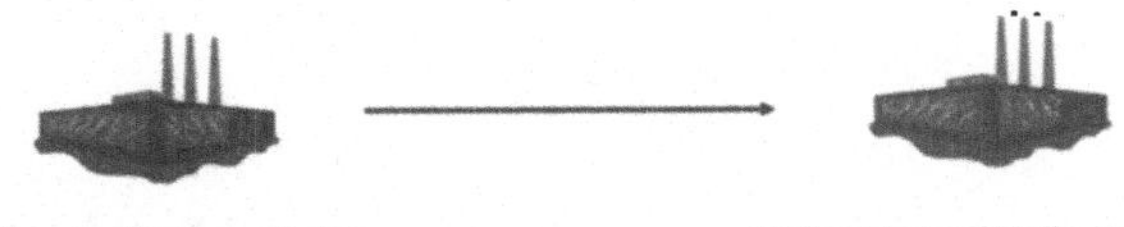

Abbildung 3.11: Supply Chain Verpackungsmaterialhersteller

Stammdaten

Optimierung Rüstkosten, Kapazitätsauslastung und Durchlaufzeiten

Die Feinplanungskomponente APO PP/DS wurde gemeinsam mit dem R/3 PP eingeführt. Im R/3 PP werden die Stücklisten und Arbeitspläne, im APO PP/DS die Rüstmatrizen und Schichtmodelle verwaltet. Über die Materialbedarfsplanung im R/3 PP erfolgt die Ermittlung der Produktionsaufträge, die dann mit ihren Arbeitsgängen an den APO PP/DS für die Belegungsplanung übergeben werden. Dies sind pro Werk ca. 1.000 lebende Aufträge mit 40.000 Arbeitsgängen. Die Arbeitsgänge werden dann mit Hilfe von Optimierungsalgorithmen unter Berücksichtigung ihrer Abhängigkeiten und der Rüstmatrizen auf den einzelnen Arbeitsplätzen eingeplant. Ziel der Planung ist es, eine möglichst kurze Durchlaufzeit bei gleichzeitig niedrigen Rüstkosten und damit hoher Kapazitätsauslastung zu erreichen. Die Planung erfolgt automatisch. Auftretende Probleme (z.B. Endterminverletzungen) werden über automatische Warnmeldungen angezeigt. Die eingeplanten Aufträge werden dann wieder an das R/3 für die Freigabe und den Druck der Arbeitspapiere zurückgegeben. Die Rückmeldungen auf den Arbeitsgängen werden von einem BDE System an das R/3 und von dort an den APO übergeben (Abbildung 3.12).

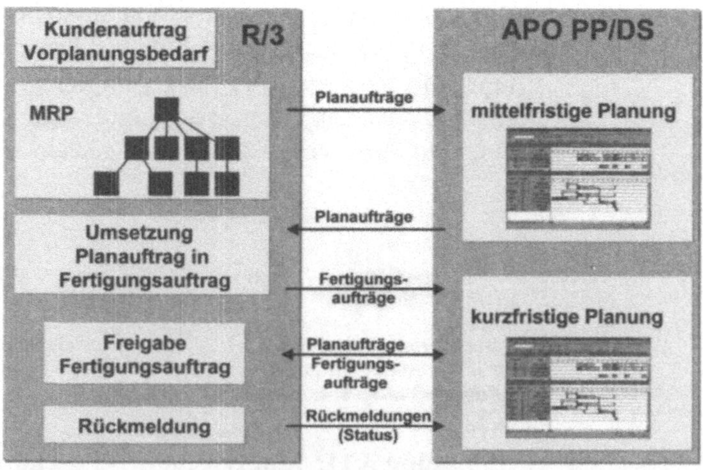

Abbildung 3.12: Funktionsverteilung zwischen R/3 und APO PP/DS (nach Bothe [2000a])

3.6 Optimierung der Chemie Supply Chain

Der Einsatz des APO in der Chemie zeichnet sich durch globale Distributions- und Produktionsnetzwerke aus, die wieder in unterschiedlichen Supply Chains, wie z.B. die Automotive oder die Konsumgüter Supply Chain, münden (Abbildung 3.13).

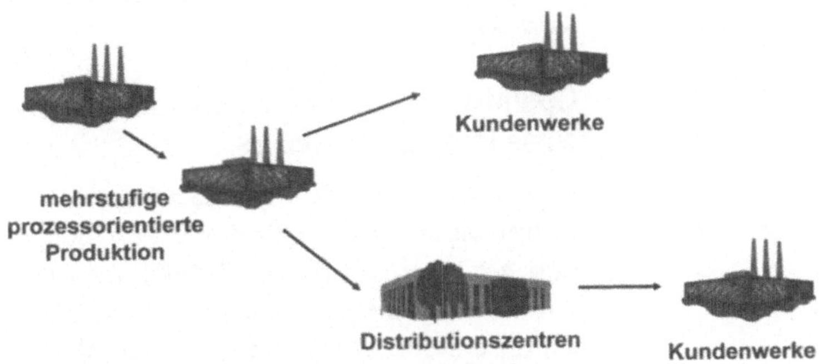

Abbildung 3.13: Chemie Supply Chain

Dadurch kommen hier alle Module des APO zum Einsatz:

- die Absatzplanung im APO DP für die Verbesserung der Prognosequalität
- die Bestands- und Produktionsgrobplanung im APO SNP für die verbesserte Mengen- und Kapazitätssteuerung im Netzwerk
- die Produktionsfeinplanung im APO PP/DS für die Erhöhung der Kapazitätsauslastung der einzelnen Anlagen
- die Auftragsabwicklung im APO ATP für die optimierte und globale Zuordnung der Bestände zu Kundenaufträgen

„Verschärfte" Planungsrestriktionen

Im Gegensatz zur stückorientierten Produktion sind in der Supply Chain Planung in der Chemie „verschärfte" Restriktionen in der Supply Chain Planung zu berücksichtigen. Diese sind u.a.:

- Es wird nicht ein Stück sondern ein Batch z.B. mit einem Volumen von 1.000 Litern produziert.

- Wenn die Produktion in einem Kessel abgeschlossen ist, muß das Produkt z.B. in einen Lagertank abgelassen werden, der wiederum verfügbar sein muß.
- Mindesthaltbarkeiten von Produkten sind zu berücksichtigen.

Diese „verschärften" Bedingungen gegenüber der stückorientierten Supply Chain Planung bedingen entsprechende funktionale Erweiterungen, die bei APO Pilotkunden realisiert wurden.

3.6.1 Optimierung der Produktion und Distribution am Beispiel eines Pharma Herstellers

In der Pharma Sparte eines Chemie Konzerns werden die Endprodukte, die in drei Werken hergestellt werden, über den APO geplant [Bothe 1999c]. Im APO Demand Planning wird ein zentraler Absatzplan auf Basis von historischen Daten erstellt. Der zentrale Absatzplan wird dann über das SNP auf die einzelnen Werke verteilt (Abbildung 3.14).

Erweiterung von R/3 und der APO Planung

Abbildung 3.14: Funktionsverteilung zwischen APO und R/3 (nach Bothe [1999a])

In den Werken erfolgt mit Hilfe des PP/DS die Belegungsplanung der Mischer- und Tablettiermaschinen. Durch diesen integrierten Planungsprozess von der Absatz- über die

Grob- bis zur Feinplanung hin werden alle konkurrierenden Situationen in der Supply Chain erfasst: z.B. Erhöhung der Kapazitätsauslastung als produktionsorientiertes Ziel versus Einhaltung der Liefertermine als vertriebsorientiertes Ziel.

3.6.2 Optimierung der Produktion eines chemischen Produktionsbetriebs

In einem Betrieb, der chemische Vorprodukte herstellt, wurde die Feinplanungskomponente des APO in Verbindung mit R/3 PP-PI und WM als Betriebsführungssystem eingeführt [Bothe 2000c].

Zentrale und dezentrale Planung

Im übergeordneten zentralen Geschäftsbereichssystem werden die Produktionsbedarfe für den Betrieb ermittelt und im APO SNP grob vorgeplant. Für die Feinplanung auf den einzelnen Anlagen im Betrieb werden die Planaufträge an das APO PP/DS übergeben.

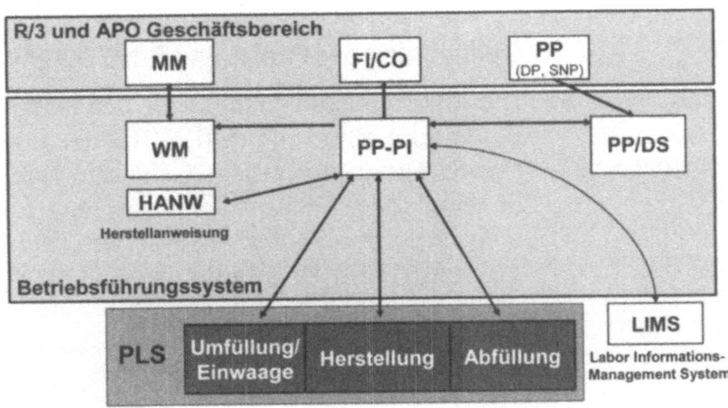

Abbildung 3.15: Module Betriebsführungssystem (nach Bothe [2000a])

Betriebsführungssystem

Das Betriebsführungssystem setzt sich insgesamt aus den Modulen WM, PP-PI und PP/DS zusammen (Abbildung 3.15). Im WM werden die Produkte im Betriebslager verwaltet. Im PP-PI sind die Planungsrezepte mit den Daten für die Belegungsplanung, für die Materialsteuerung (welche Stoffe werden in welchen Batch eingesetzt) und für die Übergabe der Steuerungsparameter an das Prozessleitsystem (PLS) angelegt. Aus dem Planungsrezept heraus wird eine sogenannte Herstellanweisung (HANW) für die Bereiche des Betriebs generiert, die nicht über das Prozessleitsystem gesteuert werden. Über die HANW bekommt der Anlagenfahrer die durchzuführenden Tätigkeiten gemeldet und kann gleichzeitig direkt Rückmeldungen erfassen. Im PP/DS werden die übernommenen Produktionsbedarfe mit den einzelnen Vorgängen auf den Anlagen eingelastet. Im Vordergrund steht die optimale Kapazitätsauslastung bei möglichst niedrigen Reinigungskosten und hoher Einhaltung der Liefertermintreue. Für einen bestimmten Zeitraum werden die Aufträge freigegeben und über das PP-PI mit den entsprechenden Steuerungsparametern an das PLS übergeben. Im PLS selbst wird dann das notwendige Steuerrezept für das Führen der Anlage gezogen. Rückmeldungen werden an das PP-PI zurückgegeben und in den Vorgängen in der Plantafel im PP/DS visualisiert.

Integration Prozessleitsystem

3.7 Optimierung der Papier und Stahl Supply Chain

Erhöhung der Kapazitätsauslastung, Senkung der Distributions-Kosten

Die Supply Chain Planung in der Papier und Stahl Industrie ist zum einen durch das Ziel der Erhöhung der Kapazitätsauslastung der Anlagen, die den Hauptanteil der Kosten in der Supply Chain tragen, geprägt. Zum anderen gilt es aufgrund der Zentralisierung der Produktionswerke die Transport- und Distributionskosten zu optimieren. Obwohl die beiden Branchen Papier und Stahl zunächst nichts miteinander zu tun haben, sind die Restriktionen bei der Produktionsplanung ähnlich, so dass die Konzepte für die Supply Chain Planung jeweils übertragbar sind.

3.7.1 Optimierung der Produktion anhand des Beispiels eines Papierherstellers

Die Möglichkeiten zur Optimierung der Produktionsplanung werden anhand der APO Einführung bei einem Papierhersteller erläutert [Bothe 1999b].

Das Szenario wird recht ausführlich erläutert, da es in den Grundzügen auch in anderen Branchen eingesetzt wird.

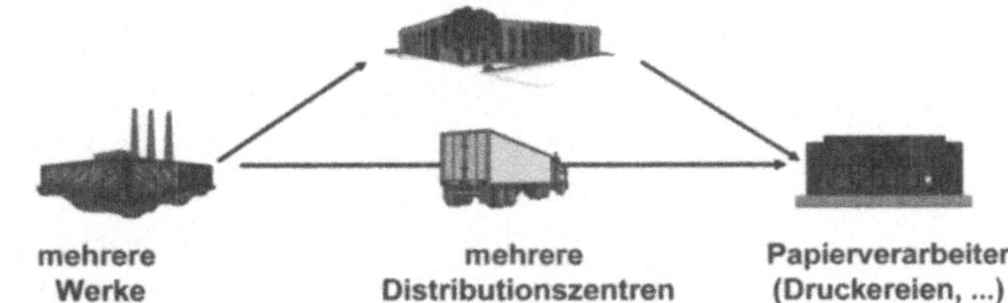

Abbildung 3.16: Supply Chain Papierindustrie

Hergestellt wird das Papier in mehreren Werken, die i.d.R. auf bestimmte Papierarten spezialisiert sind (z.B. Zeitungspapier, hochwertige Papiere für Broschüren, etc.). Das Papier wird entweder kundenspezifisch gefertigt und direkt an den Verarbeiter geliefert, oder es geht zunächst in ein Distributionszentrum (Abbildung 3.16).

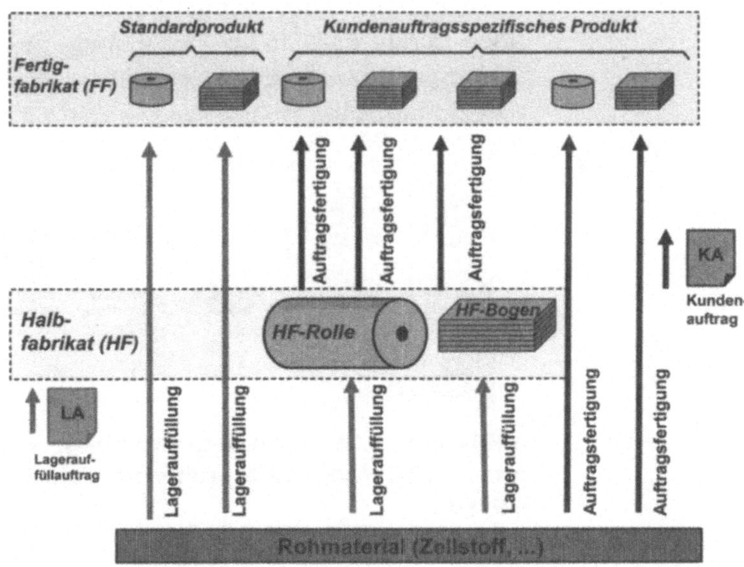

Abbildung 3.17: Mix aus anonymer und kundenauftragsorientierter Produktion (nach Bothe [1999b])

Der Produktionsprozess selbst ist zweistufig (Abbildung 3.17). Auf Papiermaschinen wird das Papier hergestellt und anschließend in die jeweiligen Formate geschnitten. In der Produktion findet man einen Mix aus kundenauftragspezifischer und anonymer Herstellung von Standardprodukten. Die kundenauftragsspezifische Herstellung kann entweder den gesamten Produktionsprozess von der Papierherstellung über das Schneiden der Formate umfassen, oder er beginnt ab dem anonym hergestellten Halbfabrikat (Rolle oder Bogen), aus dem das fertige Papier geschnitten wird.

Integration der Papierzyklusplanung mit der Kundenauftragsplanung

Im APO DP erfolgt die Absatzplanung für die Standardprodukte. Parallel werden die Zyklen der Papierproduktion auf den Papiermaschinen festgelegt. Das heißt, es wird definiert, in welcher Reihenfolge welche Papiersorten produziert werden sollen. In die Papierzyklen werden dann die Nachschubaufträge für die Standardpapiere sowie die Kundenaufträge eingeplant. Die Kundenaufträge laufen über das SD in die ATP Prüfung des APO ein. Dort wird geprüft, ob der Kundenauftrag ab Fertiglager, ab Halbfabrikatelager durch Schneiden des gewünschten Formats oder durch eine neue Herstellung des Papiers mit anschließendem Schneiden des Formats bedient werden kann (Abbildung 3.18).

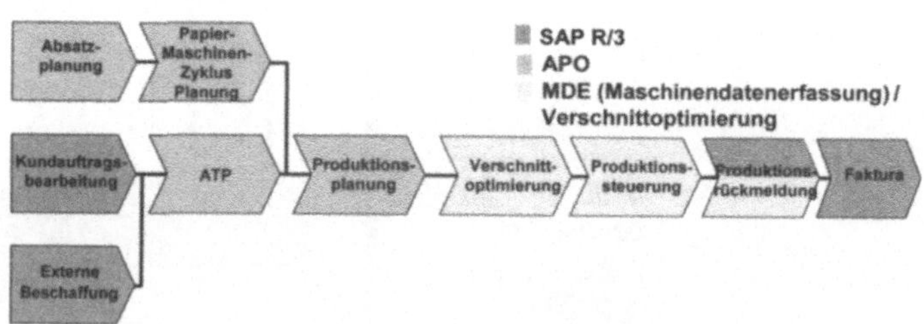

Abbildung 3.18: Funktionsverteilung zwischen R/3, APO und MDE/Verschnittoptimierungssystem (nach Bothe [1999b])

Der Vorteil des APO liegt in der Integration zwischen der ATP Prüfung und der Produktionsplanung. Findet die ATP Prüfung keinen Bestand, wird ein Produktionsauftrag erzeugt und direkt in die Produktionsplanung im APO PP/DS eingeschleust. Dieses Zusammenspiel zwischen ATP und PP/DS wird - wie erwähnt - auch in anderen Industrien, in den kundenauftragsbezogen produziert wird, häufig eingesetzt.

„Blockplanung" für die Planung der Papiermaschinenzyklen

Im APO werden für die Abbildung dieser Anforderungen spezielle Funktionen benötigt, die im Rahmen von APO Pilotprojekten entwickelt wurden. Dies ist zum einen im PP/DS die „Blockplanung" (Abbildung 3.19), die es ermöglicht, die oben erwähnten Papiermaschinenzyklen einzuplanen. Das heißt, für jede Produktion eines bestimmten Papiertyps wird ein Produktionsauftrag angelegt und mit dem vorhergehenden und nachfolgenden Produktionsauftrag verbunden. Dieser „Block" an Produktionsaufträgen wird dann zusammenhängend eingeplant. In einen Produktionsauftrag, der zunächst ohne Kundenauftragsbezug angelegt ist, wird dann im Rahmen der ATP Prüfung der entsprechende Kundenauftrag eingeplant.

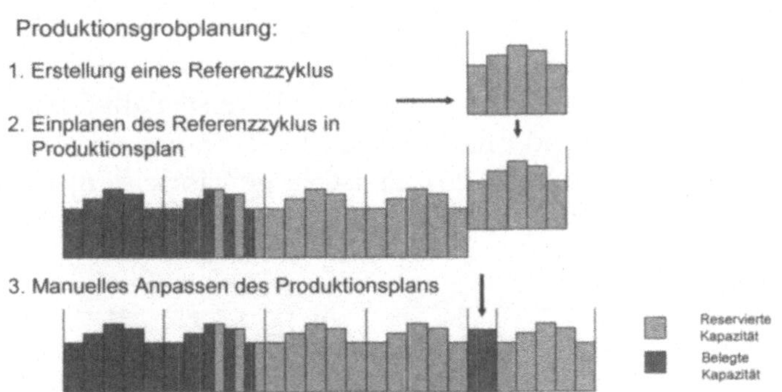

Abbildung 3.19: Papiermaschinenplanung (nach Bothe [1999b])

„Merkmalsbasierte" Planung für die Berücksichtigung der Produktvarianten

Das zweite wichtige Konzept für die Abbildung der Anforderungen der Papier-, wie aber auch der Stahlindustrie, ist die „merkmalsbasierte" Planung. In der Papier- und Stahlindustrie ist es aufgrund der hohen Anzahl der Produktvarianten unmöglich, alle Varianten in Form von Stücklisten und Arbeitsplänen abzubilden. Daher behilft man sich mit

Merkmale an Kundenaufträgen, Beständen, Arbeitsplänen und Maschinen

sogenannten Merkmalen. Der Kundenauftrag trägt Merkmale wie z.B. die Papiersorte, die ihn beschreiben. Den Bestandsdaten werden Merkmale zugeordnet genauso wie dem Arbeitsplan. In der ATP-Prüfung werden auf Basis dieser Merkmale die entsprechenden Bestände ermittelt. In der Produktionsplanung werden die Merkmale an den Arbeitsplänen mit den Merkmalen an den Maschinen verglichen, um eine Zuordnung zu ermöglichen. Über das Konzept der Merkmale können somit die sehr hohe Anzahl von Produktvarianten beherrscht werden, ohne dass für jede Ausprägung Materialstamm, Stückliste und Arbeitsplan anzulegen sind.

3.8 Optimierung der Distributionslogistik am Beispiel eines Stahlherstellers

Weltweite mehrstufige Transportketten

Ein Stahlhersteller hat sich in den letzten Jahren von einem Massenstahlhersteller zu einem Spezialitätenstahlhersteller mit hohem Anspruch an die Logistik gewandelt. Es werden unter anderem Automobilzulieferer mit Vorprodukten beliefert. Die Werke produzieren zentral und liefern weltweit. Bei Lieferungen in Übersee erfolgen die Transporte in mehreren Stufen: z.B. erst Bahntransport, dann Seeschiff und anschließend LKW-Transport zum Kundenwerk Abbildung 3.20). Es ist zu gewährleisten, dass der Materialstrom, der auf das Kundenwerk zufließt, nicht abreißt.

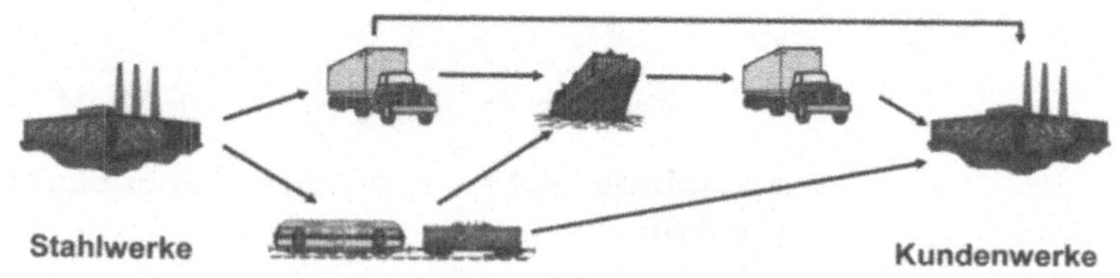

Abbildung 3.20: Supply Chain bei einem Stahlhersteller

Optimierung der Distributionslogistik

Für die Optimierung der Distributionslogistik ist die Einführung von R/3 SD für die Grunddaten und Frachtkostenabrechnung, das APO SNP für die Bestandsüberwachung und -planung in der Supply Chain sowie das APO TP/VS für die Transportplanung vorgesehen (Abbildung 3.21). Als weitere Module sollen das SAP Modul Supply Chain Event Management (SCEM) in Verbindung mit dem Business Information Warehouse (BW) für die proaktive Verfolgung (Track & Trace mit aktiver Benachrichtigung bei Terminverletzungen) und das Controlling der Transportkette eingesetzt werden.

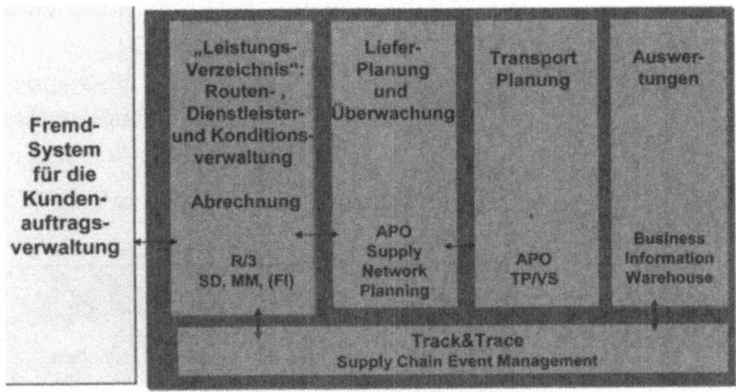

Abbildung 3.21: Funktionsverteilung zwischen den SAP Modulen R/3, APO, BW und SCEM

Transport Planung und Optimierung

Die Kundenaufträge werden in einem Fremdsystem erfasst und über das R/3 an das APO SNP übergeben. Im APO SNP sind die möglichen Transportwege (Bahn, LKW, See) von den Stahlwerken zu den Kunden abgebildet. Die Transportbedarfe werden generiert und an das APO TP/VS (Transportation Planning and Vehicle Scheduling) für die konkrete Transport Planung und Optimierung übergeben. Es wird berechnet, wie die Ware kostenoptimal unter Einhaltung der Liefertermine und der Restriktionen transportiert werden kann. Im APO SNP erfolgt die Überwachung der Transportmengen im Vergleich zu den Kundenaufträgen. Über das SCEM werden die Transportaufträge an die jeweiligen Logistikdienstleister weitergegeben. Die Logistikdienstleister melden den Status der Transportaufträge zurück, so dass jederzeit eine komplette Transparenz über die Bestandssituation in der Supply Chain vorliegt. Wenn Terminverzögerungen eintreten, die zu einem Abreißen der Supply Chain führen, erfolgt eine aktive Benarichtigung der Disponenten durch den SCEM. Die Transportaufträge werden mit den Logistikdienstleistern über das R/3 SD abgerechnet.

3.9 Optimierung der Maschinenbau Supply Chain

Im Maschinenbau (Abbildung 3.22) wird der APO zum einen

- für die Optimierung der Produktionsplanung in Verbindung mit der Kundenauftragsabwicklung und
- zum andern zur Senkung der Bestände in der Ersatzteillogistik eingesetzt.

Optimierung der Produktions- und der Ersatzteillogistik

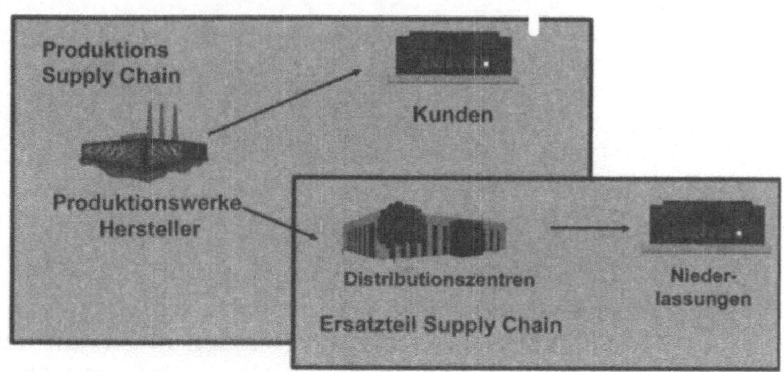

Abbildung 3.22: Maschinenbau Supply Chain

3.9.1 Optimierung der Produktion am Beispiel eines Einzelfertigers

Der Einsatz des APO zur Optimierung der Supply Chain in der Kundeneinzelfertigung ähnelt in Grundzügen dem voran beschriebenen Einsatz des APO in der Papier/Stahlindustrie. Es liegt ein Mix zwischen kundenauftragsbezogener und anonymer Produktion vor. I.d.R. werden bestimmte Teile auf Vorrat produziert. Aus diesen Teilen wird dann kundenauftragsbezogen das Endprodukt gefertigt.

Ziele in der Optimierung der Supply Chain Planung sind:

- Senkung der Durchlaufzeiten
- Reduzierung der Bestände
- Berücksichtigung von Engpaß- und/oder Alternativressourcen in der Planung
- Verbesserung der Liefertermintreue
- Erhöhung der Kapazitätsauslastung
- Verbesserung der Qualität von Terminzusagen bei Kundenaufträgen

Anzahl Planungsperioden
Monat 1
Monat 2
Monat 3
Woche 13
Woche 14
Woche 15
Woche 16
Woche 17
Woche 18
Woche 19
Woche 20
Woche 21
Woche 22
Woche 23
Marketing
Grobplanung
MRP
Scheduling
Lieferung
Transportplanung
Weltweite Prognose
Planen
Review & Abnahme
MRP Lauf
Fabrik Abstimmung
MRP Lauf
Fabrik Abstimmung
MRP Lauf
Fabrik planen 14 Tage
Liefer-planung
Transport-planung

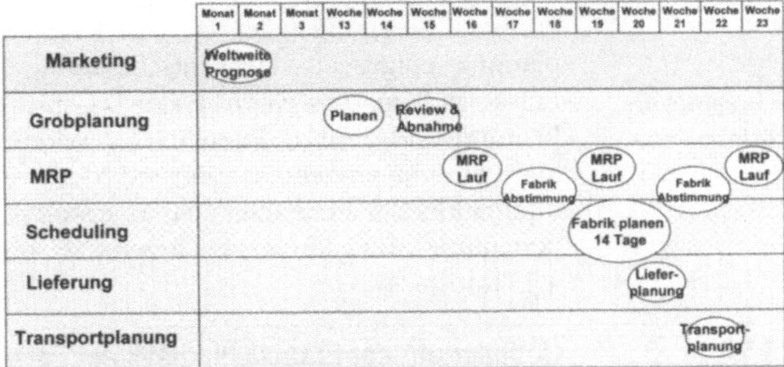

Abbildung 3.23: Ist-Planungsprozess (nach Bothe und Wielage [2001])

Anzahl Planungsperioden
Monat 1
Monat 2
Monat 3
Woche 13
Woche 14
Woche 15
Woche 16
Woche 17
Woche 18
Woche 19
Woche 20
Woche 21
Woche 22
Woche 23
Marketing
Grobplanung
MRP
Scheduling
Lieferung
Transportplanung
Weltweite Prognose
Planen
Review & Abnahme
Planungs- und Abnahmeprozeß drastisch verkürzt
MRP Lauf
MRP Lauf nur dort wo benötigt. Der Abnahmeprozeß wird durch Integration eliminiert
Fabrik / Bereich Feinplanen
Der Planungslauf beinhaltet alle Beschränkungen
Liefer-planung
Transport-planung

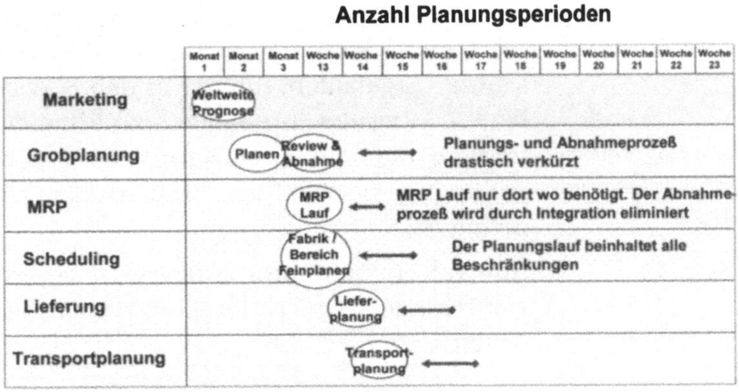

Abbildung 3.24: Soll-Planungsprozess nach Einführung des APO (nach Bothe und Wielage [2001])

Bei einem Einzelfertiger im Maschinenbau wird die APO ATP Funktionalität in Verbindung mit der Feinplanung im PP/DS eingesetzt. Für die Vorplanung der auf Lager zu fertigenden Bauteile wird der APO DP verwendet. Die Prognosebedarfe werden an den APO PP/DS für die Einplanung in die Fertigung übergeben. Der Kundenauftrag läuft über das R/3 SD in die ATP Prüfung ein. Bei Nichtverfügbarkeit von Bauteilen wird ein entsprechender Produktionsauftrag generiert und im PP/DS eingeplant. Für die Freigabe der Fertigungsaufträge und den Druck des Fertigungspapiers werden die Aufträge zurück an das R/3 PP übergeben. Der Prozess ist letztendlich derselbe wie in der Papierindustrie. Der Unterschied liegt in der wesentlich höheren Fertigungstiefe. Des weiteren wird keine Blockplanung eingesetzt. Der entscheidende Nutzen des APO Einsatzes liegt zum einen in der Erhöhung der Qualität der Planung und zum anderen in der Verkürzung des gesamten Planungsprozesses aufgrund der wesentlich engeren Integration der einzelnen Planungsstufen bis hin zur Kundenauftragsabwicklung im Gegensatz zum R/3 (Abbildung 3.23 und 3.24).

Integration der Baugruppenvorplanung mit der Kundenauftragsabwicklung

Verkürzung der Planungszeiten

3.9.2 Optimierung der Ersatzteillogistik am Beispiel eines Serienfertigers

Die Optimierung der Bestände an Ersatzteilen birgt aufgrund der hohen Bestandskosten ein großes Potenzial für die Optimierung. Häufig werden rund um den Globus Bestände vorgehalten, um die in den Serviceverträgen vereinbarten Servicelevels einhalten zu können (Abbildung 3.25). Es wird ein immenses Kapital in den Ersatzteilbeständen gebunden, obwohl der Bestandsumschlag zum Teil sehr gering ist.

Hohe Kapitalbindung in den Beständen

Anhand der Einführung des APO bei einem Serienfertiger werden nachfolgend die Einsatzmöglichkeiten des APO erläutert.

Abbildung 3.25: Ersatzteil Supply Chain

Der Serienfertiger verfügt über mehrere Produktionswerke in Deutschland, weltweit verschiedene, jeweils zentrale Distributionszentren für eine Region, und eine Vielzahl von Niederlassungen, die vor Ort den Kunden betreuen.

Umstellung des Bestandsmanagements auf eine dynamische Bestandsüberwachung

Über den APO DP in Verbindung mit dem APO SNP wurde das Bestandsmanagement von einer statischen Mindestbestandsüberwachung mit hohem Mindestbestandsniveau auf eine dynamische Bestandsplanung umgestellt. Im APO DP werden aufgrund der Verbrauchsprofile der Vergangenheit, die zyklische Muster aufweisen, die Bedarfe für die Zukunft prognostiziert. Gleichzeit wird die Bestandsreichweite in Tagen pro Ersatzteil für die einzelnen Distributionszentren im APO SNP eingestellt. Die Prognosen für die einzelnen Länder in Verbindung mit den tatsächlichen Abgängen in den Distributionszentren und den eingestellten Reichweiten führen jetzt zu einer dynamischen Nachbevorratung der Distributionszentren. In den Werken werden dann die Aufträge für neue Maschinen mit den Nachbevorratungsaufträgen aus den Distributionszentren zusammengeführt. Durch die Umstellung auf eine prognoseorientierte Bestandsüberwachung konnte der durchschnittliche Bestand deutlich reduziert werden bei gleichzeitiger Aufrechterhaltung des Servicegrades.

3.10 Optimierung der Supply Chain in der Elektronikindustrie

Die Supply Chain in der Konsumgüter-Elektronik ähnelt zum einen der oben beschriebenen Konsumgüter Supply Chain. Zum anderen fungiert der Elektronikhersteller wiederum als Automobilzulieferer (z.B. bei Autoradios), so dass er in diesem Bereich seines Geschäfts wiederum mehr den Gegebenheiten eines 1-Tier Suppliers ähnelt.

Nachfolgend wird die APO Einführung bei einem Elektronikhersteller der braune Ware (HIFI, TV, Video), weisse Ware (Haushalt), Computer und Telekommunikationsprodukte herstellt beschrieben (Abbildung 3.26). Die wesentlichen Ziele, die durch die APO Einführung verfolgt wurden, waren:

Ziele der APO-Einführung

- Reduzierung des Lagerbestands in der gesamten Supply Chain
- kontrollierte Nachbevorratung der einzelnen Distributionszentren
- Aufbau eines durchgängigen Prognose- und Nachbevorratungsprozesses

Interessant ist, dass bei diesem Szenario pro Geschäftsbereich ein eigenständiges R/3- und APO-System aufgebaut wurde. Das war deshalb möglich, da einem Geschäftsbereich Werke und Distributionszentren eindeutig und ohne Überschneidungen zugeordnet sind.

Abbildung 3.26: Supply Chain eines Elektronikherstellers

Die Absatzplanung erfolgt im APO DP. Für die einzelnen Produkte sind in den Distributionszentren die Reichweiten in Tagen angegeben. Über das APO SNP werden die Nachschubaufträge auf Basis der Prognose und der Abgänge ermittelt und grob auf die Werke verteilt. Im APO PP/DS erfolgt dann die Einlastung der Produktionsaufträge auf die einzelnen Produktionslinien.

3.11 Literatur

Bothe, M. [1999a]: Supply Chain Management mit SAP APO – Erste Projekterfahrungen, in: *HMD Nr. 207 (36. Jg.), S. 70 – 77.*

Bothe, M. [1999b]: SCM Project at SAPPI Europe, Vortrags-Handout zur SAPPHIRE 1999 in Singapur, Singapur (Oktober 1999).

Bothe, M. [1999c]: Advanced Planner & Optimizer Implementation at a Chemical Company, Vortrags-Handout zur SAPPHIRE 1999 in Singapur, Singapur (Oktober 1999).

Bothe, M. [2000a]: Aus Erfahrung gut. Die Kunst des „Spätentwickelnden“: Praxiserfahrungen bei der Integration des SCM Moduls „APO“ von SAP, in : Industrielle Informationstechnik Ausgabe Nr.9/2000, S. 18-21.

Bothe, M. [2000b]: APO Einführung bei Schmalbach-Lubeca AG. Produktionsplanung und -steuerung in einem europäischen Produktionsverband. Vortrags-Handout zur CeBIT 2000, Hannover (März 2000).

Bothe, M. [2000c]: Konsequentes Supply Chain Mangement des Enabler für E-Business. Ein Bericht aus der Praxis. Vortrags-Handout zum SCM-Kongreß von Euroforum am 9.2.2000, Bad Homburg (Februar 2000).

Bothe, M; Wielage, R. [2001]: Produktionsplanung und -steuerung unter SAP APO, Vortrags-Handout zum gleichnamigen Management Circle Seminar, Frankfurt am Main (13.12.2001), S. 73-74.

4 Optimierung der Supply Chain von MAHLE

Drazen Fackovic,
MAHLE Service GmbH

4.1 Zusammenfassung

Der nachfolgende Beitrag beschreibt die praktischen Erfahrungen der Firma MAHLE bei der Einführung von SAP-APO. Den Schwerpunkt der Beschreibung bildet das Modul PP/DS. Zunächst werden die Ausgangssituation der Firma MAHLE sowie deren Anforderungen an ein Supply-Chain-Tool beschrieben. Im Anschluss soll der Projektrahmen sowie die kritischen Erfolgsfaktoren und Nutzenpotenziale beim APO-Einsatz erörtert werden. Abschließend wird das Konzept zur Einführung von APO-PP/DS im Bereich der Fertigungsplanung bei MAHLE dargestellt.

4.2 Die MAHLE GmbH

Die MAHLE GmbH ist ein international operierendes Unternehmen der KFZ-Zuliefererbranche und ist in die drei Unternehmensbereiche Kolben und Motorkomponenten (UB1), Filtersysteme (UB2) und Ventiltriebsysteme (UB3) gegliedert.

Zu den MAHLE-Kunden gehören neben bedeutenden Automobilherstellern wie Volkswagen oder DaimlerChrysler auch Hersteller von Nutzkraftahrzeugen, Schiffen und Motorsägen.

Im Jahr 2001 ist MAHLE mit einem Umsatz von 2,8 Mrd. Euro in den Kreis der 100 umsatzstärksten Unternehmen Deutschlands aufgestiegen. Das starke Wachstum wurde zum Großteil durch die internationale Expansion, vor allem in Nord- und Südamerika sowie Asien erzielt.

4.3 Ausgangssituation und Zielsetzung

Die Ertragsentwicklung der MAHLE GmbH konnte in den letzten Jahren mit der Umsatzentwicklung nicht Schritt halten. Dieser Effekt wird zur Zeit zusätzlich verstärkt durch die lahmende Automobilkonjunktur und den dadurch verstärkten Preisdruck der MAHLE-Kunden sowie schlecht ausgelastete Kapazitäten der MAHLE-Produktionsstätten im In- und Ausland.

Dazu kommen Unzulänglichkeiten innerhalb der logistischen Prozeßkette, die sich in hohen Beständen und zu langen Durchlauf- und Reaktionszeiten niederschlagen und sich somit ebenfalls negativ auf der Kostenseite bemerkbar machen.

Optimierung der logistischen Prozesse

Zur Optimierung der logistischen Prozesse sind derzeit verschiedene Projekte im Gange, wie zum Beispiel die Verkürzung von Durchlaufzeiten durch Rüstzeitreduzierung und Kapazitätsharmonisierung, die Senkung von Beständen sowie die Neuorganisation der Logistikverantwortung.

Eine zusätzliche, unterstützende Maßnahme zur effektiveren Gestaltung der Logistikprozesse kann der Einsatz eines „Advanced Planning Systems“ sein. Nach einer Voruntersuchung zur Auswahl eines solchen Systems fiel die Entscheidung, SAP-APO im Bereich der Fertigungsplanung bei MAHLE einzuführen.

Nachfolgend soll die praktische Erfahrung der Firma MAHLE bei der Einführung von APO beschrieben werden. Neben dem Einsatz der APO-Komponente PP/DS im Bereich der Fertigungsplanung wird bei MAHLE auch die Komponente DP im Bereich der Absatzplanung zum Einsatz kommen. Schwerpunkt dieses Beitrags ist der Bereich Fertigungsplanung und somit das Modul PP/DS.

Zunächst werden die Ausgangssituation der Firma MAHLE in der Produktionsplanung sowie die Unternehmensziele und die daraus abgeleiteten Kriterien zur Auswahl eines Supply-Chain-Tools kurz beschrieben.

Im Anschluß sollen der Projektrahmen und die für das Projekt relevanten Erfolgsfaktoren sowie die für MAHLE bedeutendsten Nutzenpotenziale erörtert werden.

Abschließend wird das Konzept zur Einführung von SAP-APO in der Fertigungsplanung bei MAHLE dargestellt.

4.4 SCM-Toolauswahl

4.4.1 Produktionsplanung bei MAHLE

Ein Hauptgrund für die Entscheidung ein Advanced Planning System einzuführen lag in der unzureichenden Unterstützung der Fertigungsprozesse durch das bei MAHLE eingesetzte Standard-Softwarepaket SAP-R/2.

Die Hauptkritikpunkte an diesem System waren:

- Die MRP-Logik berücksichtigt keine Restriktionen hinsichtlich Kapazität und Materialverfügbarkeit.
- Die Planungsfunktionen hinsichtlich Reihenfolgeplanung, Umplanung auf Ausweichressourcen etc. sind unzureichend gelöst.
- Mäßige Transparenz in der logistischen Prozesskette; das Erkennen von kritischen Aufträgen oder Auswirkungen von Auftragsverschiebungen auf das Produktionsprogramm ist schwierig.

Einige Produktionsbereiche hatten sich daher bereits frühzeitig für die Entwicklung eigener, auf deren Spezialanforderungen zugeschnittener Add-Ons, entschieden.

Advanced Planning Systems

Um eine weitere kostspielige und wartungsintensive Spezialprogrammierung innerhalb der Produktionsbereiche zu vermeiden und möglichst schnell einen einheitlichen Konzernstandard in diesem Bereich zu schaffen, wurde eine Voruntersuchung zur Auswahl eines „Advanced Planning Systems" durchgeführt. Folgende Systeme wurden untersucht:

- Rhythm von I2
- Opus-DDP vom Fraunhofer Institut IML
- Way von Wassermann
- Ilos von Lipro

- SAP-APO
- MSO

4.4.2 Unternehmensziele bei MAHLE

Bei der Definition der funktionalen Anforderungen an das Add-On System wurden folgende Ziele formuliert:

- Einhaltung von Kundenterminen (Ziel: Liefererfüllungsgrad > 95%)
- optimale Ressourcenauslastung
- Reduzierung der Bestände vom Rohmaterial bis zum verkaufsähigen Produkt
- Verkürzung der Gesamtdurchlaufzeiten
- mehr Transparenz im Fertigungsprozess
- verkürzte Reaktionszeiten

Da die formulierten Ziele zum Teil im Konflikt zueinander stehen und nicht alle zur gleichen Zeit erfüllt werden können wurde eine Priorisierung vorgenommen.

Danach ist die Einhaltung von Kundenterminen das oberste Ziel, während die Bestandssenkung und Ressourcenauslastung untergeordnete Ziele darstellen.

4.4.3 MAHLE-Anforderungen an ein Tool zur Fertigungsplanung

Folgende Anforderungen wurden von MAHLE an ein „Advanced Planning System" aufgestellt:

- Berücksichtigung von Material- und Kapazitätsverfügbarkeiten
- Bildung von Auftragsreihenfolgen pro Engpassressource (Reihenfolgeplanung)
- komfortable Umplanungsmöglichkeiten bei Ressourcenwechsel
- Möglichkeit maschineller Optimierungsfunktionen
- bei Fertigungsaufträgen mit langen DLZ müssen neben dem Endtermin für das gesamte Los auch Ablieferungstermine von Teillosen ersichtlich sein
- Anzeige kritischer Aufträge innerhalb der Wertschöpfungskette

- Simulieren verschiedener Planungsszenarien
- benutzerfreundliche und konfigurierbare Planungstools
- Bedarfsverursacher muß ersichtlich sein, Auswirkungen von Auftragsverschiebungen auf vor- und nachgelagerte Prozesse müssen ersichtlich sein
- überlappende Fertigung von Auftragsstufen (Folgestufe beginnt Produktion bereits nach der Ablieferung eines Teilloses durch Vorgängerstufe)

Neben der Erfüllung der funktionalen Anforderungen stand vor allem auch der Aufwand zur Herstellung der Datenintegration zwischen dem operativen System (SAP-R/3) und dem Add-On sowie die strategische Ausrichtung und Größe des Anbieters und nicht zuletzt die Einführungskosten im Vordergrund.

Schnittstellenproblematik

Während die Produktionsfachbereiche schwerpunktmäßig den funktionalen Erfüllungsgrad der Software betrachteten, wurde von der DV-Seite zusätzlich die Schnittstellenproblematik und die Administrationsseite in den Fokus gestellt.

Dies führte dazu, dass kleine Spezial-Anbieter, die zum Teil schlanker und flexibler waren und beim funktionalen Deckungsgrad eine bessere Quote hatten als große Standardtools, trotzdem nicht zum Zuge kamen.

Die Entscheidung fiel schließlich für SAP-APO.

Die Gründe lagen in einem recht hohen Erfüllungsgrad der funktionalen Anforderungen auf der einen Seite, aber auch an der bereits im Standard enthaltenen Datenanbindung des APO an SAP-R/3, dem zukünftigen operativen System der MAHLE GmbH, auf der anderen Seite.

Und nicht zuletzt wegen der Tatsache, dass MAHLE in der Fa. SAP seit Jahren einen verlässlichen Partner sieht.

4.5 Das APO-Projekt

4.5.1 Projektrahmen

Neben der Entscheidung SAP-APO als Instrument zur Fertigungsplanung einzuführen fiel parallel dazu der Startschuss zur Migration von SAP-R/2 nach SAP-R/3.

Viele Gründe hatten MAHLE dazu gezwungen, die längst fällige Umstellung auf SAP-R/3 zu forcieren. Die in Kürze auslaufende Wartung und die wenig zukunftsträchtige Plattform des R/2-Systems sowie der kostspielige Betrieb und die Wartung des Großrechners spielten bei dieser Entscheidung eine wichtige Rolle.

Zudem hatte sich in den letzten Jahren ein großer Anwendungs- bzw. Anforderungsstau gebildet, da aufgrund der anstehenden Migration nach SAP-R/3 kaum mehr Investitionen im R/2-Umfeld getätigt wurden. Dies betraf neben der Einführung eines Advanced Planing Systems auch Anforderungen aus dem Bereich PLM (Product Lifecycle Management) und Data Warehouse.

Business Process Reengineering

Die mit der R/3-Einführung verbundenen Ziele lagen in der Harmonisierung der Prozesse und der konzernweiten Vereinheitlichung von Stammdaten. Es sollte keine 1:1-Umstellung von SAP-R/2 nach R/3 erfolgen, sondern ein Business Process Reengineering auf Basis von Best-Practice-Lösungen von SAP.

Neben SAP-R/3 und SAP-APO fiel die Entscheidung SAP-BW (Business Information Warehouse) als zentrale Informations- und Auswertungsplattform der MAHLE GmbH zu nutzen.

4.5.2 Projektphasen

Das MAHLE-Projekt zur Einführung der besagten SAP-Komponenten wurde in 2 Projektphasen unterteilt (siehe Abbildung 4.1).

Prototyp

In der ersten Projektphase wurde im Projekt „Europa-Prototyp" ein europaweites und für alle Unternehmensbereiche gültiges SAP-Modell aufgebaut. Hier wurden die wichtigsten Wertschöpfungsprozesse der Fa. MAHLE abgebildet mit der Zielsetzung, dieses System als Vorlage für die Ausprägung aller inländischen und ausländischen Gesellschaften in Europa zu benutzen.

In der zweiten Projektphase wird zur Zeit auf Basis des Prototypen ein „Roll-Out" im Unternehmensbereich „Kolben und Motorkomponenten" durchgeführt.

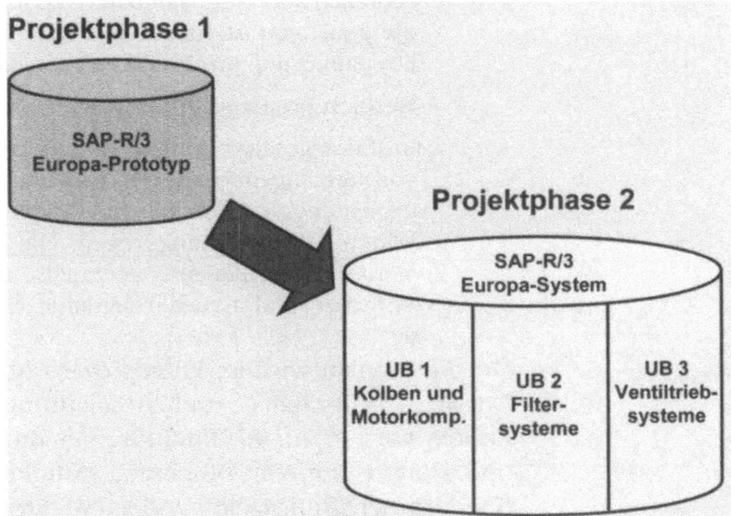

Abbildung 4.1: Projektphasen bei der SAP-Implementierung (UB=Unternehmensbereich)

Das Endziel ist alle europäischen Unternehmen des MAHLE-Verbundes in einem Europasystem zu vereinigen.

Neben dem Aufbau eines Europasystems soll je ein System für die MAHLE-Töchter auf dem nord- und südamerikanischen sowie dem asiatischen Kontinent entstehen. Diese Systeme sollen dann durch ein globales Mastersystem miteinander verbunden werden.

4.5.3 Eingesetzte APO-Komponenten

Zum Produktivstart werden bei MAHLE zunächst die APO-Module DP und PP/DS zum Einsatz kommen.

Die Absatzplanung (DP) wird für den Bereich Serie (OE) und das Ersatzgeschäft (AM) abgebildet, die aufgrund unterschiedlicher Anforderungen wie folgt ausgeprägt werden:

- **Bereich Serie (OE):**

  MAHLE erhält von seinen Kunden eine Bedarfsvorschau in Form von Motorbedarfen. Diese werden in einer zentralen Motorendatenbank zusammengefaßt, von der die geplanten Absätze der MAHLE-Produkte über Stücklistenauflösung im DP abgeleitet werden.

- **Bereich Ersatzgeschäft (AM):**

  Im Ersatzgeschäft werden die geplanten Absätze anhand von Vergangenheitswerten durch eine Prognose abgeleitet. Hierbei werden die durchschnittlichen Absätze der letzten 3 Jahre herangezogen. Die so ermittelten Werte werden anschließend nochmals anhand strategischer Vorgaben und aktueller Markteinschätzungen überarbeitet.

Vorplanung

Der Absatzplan wird im Folgeprozess für die Ableitung der Umsatz-, Wirtschafts- und Beschaffungsplanung genutzt. Zudem wird er zur Abstimmung der Kapazitäten im Mittel- und Langfristhorizont eingesetzt. Für Produkte mit langen Wiederbeschaffungszeiten oder bei Produkten, bei denen Kundenbedarfe nicht in einem ausreichenden Horizont vorliegen wird eine Vorplanung[8] aufgrund des Absatzplans durchgeführt.

Mit Hilfe des Moduls PP/DS wird die Produktionsfeinplanung im Nahhorizont durchgeführt. Die konkrete Ausprägung dieses Prozesses wird in Kapitel 4.7. näher beschrieben. Abbildung 4.2 zeigt die zum Projektstart bei MAHLE eingesetzten APO-Module.

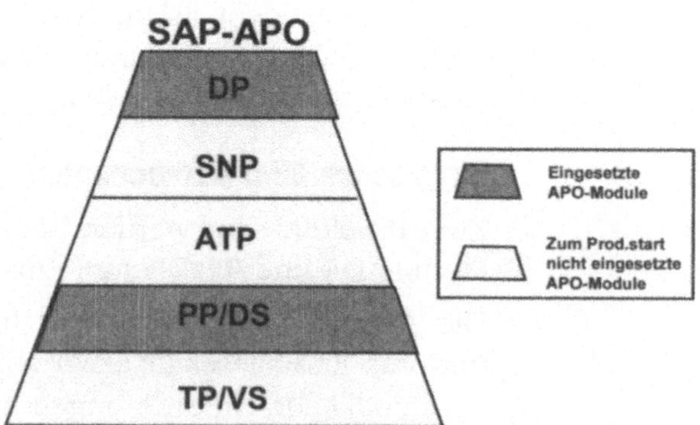

Abbildung 4.2: bei MAHLE eingesetzte APO-Module

[8] Vorplanung bedeutet, die Produktion/Beschaffung auf Basis geplanter Bedarfe vor Eingang eines Kundenauftrags anzustoßen.

4.5.4 APO-Sizing

Unter „Sizing" versteht man die Ermittlung der benötigten Systemressourcen (Hardwarebedarf) für eine SAP-Installation. Dazu gehören Festplattenkapazität, Arbeitsspeicher und CPU-Leistung.

Einflußgrößen auf das Sizing

Insbesondere bei SAP-APO Installationen ist das Sizing ein wichtiger Aspekt, der frühzeitig in die Projektplanung einbezogen werden sollte, da das System durch die Live-Cache-Technologie besonders hohe Anforderungen an die Systemressourcen hat. Einflußgrößen auf das Sizing sind:

- Anzahl der Benutzer
- Art der Ausprägung der betriebswirtschaftlichen Prozesse im System
- Anzahl an Stamm- und Bewegungsdaten (Mengengerüste)

Tabelle 4.1 zeigt die geplanten Mengengerüste für die APO-Installation der Firma MAHLE.

Bei MAHLE wurde anhand der ermittelten Mengengerüste ein APO-Sizing für die Module DP und PP/DS sowie die Integration zwischen R/3 und APO (CIF-Schnittstelle) durchgeführt, woraus sich der Hardwarebedarf ergab.

4.6 Kritische Erfolgsfaktoren und Nutzenpotenziale

4.6.1 Kritische Erfolgsfaktoren für den APO-PP/DS-Einsatz

Ein erfolgreicher Einsatz von APO-PP/DS ist an verschiedene Voraussetzungen organisatorischer, technischer und personeller Art geknüpft. Ohne sie wird das System seine Nutzenpotenziale nicht ausschöpfen können und keine Akzeptanz der Anwender erreichen.

Die Organisation innerhalb der Fabrik spielt hierbei eine wichtige Rolle. Die Organisationsform sollte prozessorientiert sein mit dezentral ausführenden Einheiten (z.B. fraktale Fabrik). Dieses Prinzip unterstützt die Supply-Chain Philosophie, da es auf kleine, dezentrale Einheiten setzt, die eigenverantwortlich ihre Prozesse steuern. Damit kann schneller auf die Markterfordernisse reagiert werden. Der hohe Koordinationsaufwand einer traditionellen zentralistischen Organisation wird dadurch reduziert, dass unnötige Schnittstellen beseitigt und zusammengehörige Tätigkeiten von der gleichen Person bzw. einem Team durchgeführt werden. Die Motivation des Einzelnen wird durch mehr Eigenverantwortung bestärkt.

Demand Planning	**Anzahl Objekte**
Anzahl Merkmalskombinationen	300.000
Anzahl Kennzahlen	20
Anzahl Planungsperioden	48
Anzahl Vergangenheitsperioden	36
Anzahl Planversionen	1
Production Planning / Detailed Scheduling	
Anzahl Lagerorte	5
Anzahl Lokationsprodukte	70.000
Anzahl Ressourcen	350
Anzahl SD-Aufträge	6.000
Anzahl Positionen pro SD-Auftrag	9
Anzahl Bestellungen	10.000
Anzahl Positionen pro Bestellung	20
Anzahl Umlagerungen	5.000
Anzahl Positionen pro Umlagerung	1
Anzahl Plan-/Fertigungsaufträge	10.000
Anzahl Komponenten pro Plan-/Fertigungsauftrag	4
Anzahl Arbeitsvorgänge pro Plan-/Fertigungsauftrag	4
Anzahl Aktivitäten pro Vorgang im Plan-/Fertigungsauftrag	2
Anzahl Planversionen	1
Anzahl Benutzer Plantafel	20
Integration / CIF	
Anzahl zu übertragender Kundenaufträge pro Stunde	500
Anzahl zu übertragender Fertigungsaufträge pro Stunde	2.000
Anzahl zu übertragender Bestellungen pro Stunde	200

Tabelle 4.1: Geplante Mengengerüste für APO-Installation MAHLE (DP und PP/DS)

Informationen werden nicht nach dem Bringprinzip zugestellt, sondern nach dem Holprinzip vom internen Kunden gezielt abgeholt. Dadurch wird eine bedarfsgerechte Versorgung mit Informationen sichergestellt.[9]

Der Besuch des MAHLE-Projektteams bei einem APO-Referenzkunden zeigte deutlich, dass der APO-Einsatz erst mit den notwendigen organisatorischen Maßnahmen seinen wahren Nutzen bringt.

Parallel zum SAP-Projekt findet daher zur Zeit bei MAHLE ein Organisationsprojekt statt mit der Zielsetzung, die Prozesse innerhalb der Produktionslogistik zu optimieren und so Reaktions- und Durchlaufzeiten zu senken und damit Kosteneinsparungen zu erzielen.

Ein Kernpunkt des Konzepts ist das Einleiten von Maßnahmen zur Verringerung der Rüstzeiten, die heute zu hohen Losgrößen und im Folgeprozeß zu erhöhten Beständen führen.

Eine weitere Maßnahme stellt die Harmonisierung von Kapazitäten im Produktionsprozeß dar. Dadurch werden die Durchlaufzeiten gesenkt und Warenbestände in der Produktion zurückgeführt.

Neben den genannten Aspekten wird die Neuorganisation der Logistikverantwortung zu einer zusätzlichen Optimierung der logistischen Prozesse führen.

Optimierungspotenziale beim Personaleinsatz

Optimierungspotenziale beim Personaleinsatz sind zum einen flexiblere Arbeitszeitmodelle, die eine bessere Anpassung an Bedarfsschwankungen ermöglichen und zum anderen eine breite Qualifizierung der Mitarbeiter und damit ein flexiblerer Einsatz in der Fertigung.

Neben den bereits genannten kritischen Erfolgsfaktoren für den APO PP/DS-Einsatz spielen insbesondere auch die Anforderungen an die Qualität von Stamm- und Bewegungsdaten eine große Rolle. Dies liegt auch an der Sensibilität der CIF-Schnittstelle, die den Datenaustausch

9 Vgl. „Paradigmenwechsel in der Produktion, die fraktale Fabrik" von Prof. Dr-Ing. H. Kühnle.

zwischen R/3 und APO-PP/DS gewährleistet. Fehlerhafte oder inkonsistente Daten führen zu einem Fehler in der CIF-Schnittstelle, der durch den Schnittstellenkoordinator (CIF-Manager) bereinigt werden muß.

Buchungsdisziplin

Neben der Qualität der Stamm- und Bewegungsdaten spielt auch die Aktualität und Korrektheit der Buchungen (Buchungsdisziplin), insbesondere bei den Rückmeldungen und Warenbewegungen eine wichtige Rolle, da diese eine wichtige Informationsbasis für den Planer darstellen. Eine Maßnahme zur Verbesserung der Buchungsqualität besteht darin, dass der Fehlerverursacher selbst für die Korrektur der durch ihn entstandenen Fehler verantwortlich gemacht wird.

4.6.2 Nutzenpotenziale durch APO-PP/DS-Einsatz

Die Nutzung von APO-PP/DS innerhalb der Fertigungsplanung eröffnet zahlreiche Nutzenpotenziale für MAHLE. Diese werden zusätzlich unterstützt durch die Umsetzung der in Kap. 4.6.1 beschriebenen Maßnahmen.

Die wichtigsten Nutzenaspekte sind:

- zusätzliche Transparenz in der Wertschöpfungskette und somit Verkürzung der Reaktionszeiten
- Erhöhung des Lieferbereitschaftsgrades durch das Erkennen von kritischen Aufträgen innerhalb der Wertschöpfungskette
- Senkung von Beständen, durch eine bessere Planungsabstimmung abhängiger Produktionsstufen
- Reduzierung der Gesamtdurchlaufzeiten

4.6.3 Kritik an APO-PP/DS

SAP-APO ist ein innovatives Tool mit einer modernen Systemarchitektur und zahlreichen neuen Planungsalgorithmen. Es eröffnet insbesondere in der Fertigungsplanung zahlreiche neue Möglichkeiten.

Trotzdem sollte auch Raum für eine durchaus angebrachte kritische Auseinandersetzung mit dem Softwaretool bleiben.

APO 3.0, das bei MAHLE eingesetzte Release, ist zwar laut Aussage der SAP AG, wesentlich ausgereifter als die Vorgänger-Releases. Das System ist allerdings nach wie vor noch nicht ganz ausgereift. So stößt man bei intensiver Auseinandersetzung mit den Planungstools, insbesondere der Feinplanungstafel, immer wieder auf Fehler.

Auch im Bereich der CIF-Schnittstelle besteht noch Optimierungspotenzial. Zum einen wäre beim Monitoring der Schnittstelle eine exaktere Beschreibung der Fehlerursache wünschenswert, zum anderen ist die Übertragung von Datenänderungen von R/3 nach APO nicht durchgängig gelöst, z.B. existiert noch keine Änderungsübertragung von Ressourcenänderungen.

Feinplanung

Im Bereich der Feinplanung sind aus MAHLE-Sicht folgende Punkte zu kritisieren:

- Die Planungslogik ist zum Teil zu unflexibel. Beispielsweise ist die Umplanung von Vorgängen nur auf Ressourcen möglich, für die ein alternativer Modus gepflegt ist.
- Der Informationsgehalt der Planungsprotokolle ist verbesserungsbedürftig. Bei fehlgeschlagenen Planungsaktionen werden keine genauen Hinweise auf die Fehlerursache gegeben.
- Basisfunktionen fehlen: Beispiele dafür sind die Vorgangsüberlappung oder der Vorgangssplitt. Laut Aussage von SAP erfolgt im Release 3.0 keine Weiterentwicklung mehr.

4.7 APO-PP/DS-Implementierung

4.7.1 Systemaufbau und Kopplung mit dem R/3-System

Aus technischer Sicht müssen vor Inbetriebnahme des APO PP/DS-Moduls einige Einstellungen vorgenommen werden. Diese Aufgaben müssen teils durch die SAP-Basis-Abteilung, teils durch den PP/DS-Verantwortlichen vorgenommen werden.

Die wichtigsten technischen Einstellungen sind in der APO-Dokumentation von SAP beschrieben, es gibt jedoch einige spezifische Einstellungen, die man zu Beginn durchführen sollte, da diese nach Inbetriebnahme nicht mehr änderbar sind. Dazu gehört beispielsweise die Darstellungsform der Materialnummer im APO oder Einstellungen in der aktiven Planversion.

Es empfiehlt sich während dem Aufbau eines APO-Entwicklungssystems eine Checkliste anzulegen, um den Aufbau weiterer APO-Systeme zu vereinfachen und zu beschleunigen.

4.7.2 Prozeß Stammdatenpflege

4.7.2.1 Basisfestlegungen

Für die Abbildung der MAHLE-Prozesse innerhalb der Fertigungsplanung mit APO-PP/DS werden folgende Stammdaten benötigt:

- Lokationen
- Produkte
- Ressourcen
- Produktionsprozessmodelle

Die Übernahme der Daten aus R/3 ins APO-System erfolgt über die CIF-Schnittstelle.

Folgende Basisfestlegungen wurden im Bereich der Stammdatenpflege getroffen:

- R/3 ist das führende System für die Stammdatenpflege.
- Auch APO-spezifische Daten[10] werden, wenn möglich, über Erweiterungen im R/3-Materialstamm gepflegt.
- Im APO werden nur Daten gepflegt, die ausschließlich dort benötigt werden und nicht per CIF-Schnittstelle übertragen werden können[11].

---

[10] Damit sind Spezialdaten gemeint, die im R/3 nicht existieren und nur für die Planungsprozesse im APO benötigt werden.

[11] Beispiele für solche Daten sind: Kapazitätsangebot, Schichtprogramme oder Rüstmatrizen.

4.7.2.2 Stammdatenübertragung

Der Prozess der Stammdatenübertragung enthält die drei Prozessvarianten Neuanlauf, Änderung und Auslauf von Produkten, die wie folgt abgebildet werden:

Neuanlauf:

- Neue APO-relevante Daten werden durch das Setzen von Kennzeichen freigegeben.
- Integrationsmodelle werden erweitert oder neu generiert.
- Daten werden durch eine Initialübertragung in den APO übertragen.
- Periodizität für Initialübertragung: 1 x täglich.

Änderung:

- Änderungen an APO-relevanten Stammdaten in R/3 werden vom System in Form von Änderungszeigern festgehalten.
- Es erfolgt eine periodische Änderungsübertragung aller geänderten Daten.
- Eine Änderungsübertragung wird für Materialstämme und PPMs durchgeführt.
- Periodizität für Änderungsübertragung: 1 x täglich.

Auslauf:

- Bei Auslaufteilen werden Löschvormerkungen im Materialstamm gesetzt.
- Die Löschvormerkung wird in den APO übertragen.
- Neugenerierung der Integrationsmodelle: Dabei werden nur noch die aktiven Datenobjekte selektiert.
- In einem Reorganisationslauf werden alle zum Löschen vorgemerkten Objekte in R/3 und APO physisch gelöscht.
- Produktionsprozessmodelle werden durch das Löschen der Fertigungsversion in R/3 und durch die anschließende Änderungsübertragung im APO deaktiviert.

4.7.2.3 CIF-Organisation und Monitoring

Zur Sicherstellung einer zeitnahen und fehlerfreien Verfügbarkeit von Stamm- und Bewegungsdaten im APO sowie

CIF

zur schnellen und effizienten Behebung von Fehlern in der Schnittstelle wurden folgende Festlegungen getroffen:

- APO-relevante Daten werden nach erfolgter Prüfung von den Fachbereichen durch Setzen entsprechender Kennzeichen in den Datenobjekten freigegeben.
- Integrationsmodelle werden zentral durch die für APO verantwortliche EDV-Abteilung generiert[12] und aktiviert.[13]
- Die Gliederung der Integrationsmodelle erfolgt pro Produktionssegment[14] und Datenobjekt. Dadurch wird eine höhere Übersichtlichkeit und eine Erleichterung bei der Fehlersuche erreicht.
- Die Übertragung der Daten erfolgt aufgrund verschiedener Abhängigkeiten in einer festgelegten Reihenfolge.
- Die Überwachung der Schnittstelle und Behebung von Fehlern erfolgt ebenfalls zentral durch die EDV-Abteilung.
- Bei aufgetretenen Fehlern in der CIF-Schnittstelle wird der CIF-Administrator automatisch durch eine Systemmeldung benachrichtigt.

4.7.3 Prozeß Fertigungsplanung

4.7.3.1 Bewegungsdaten

Für die Abbildung der Planungsprozesse bei MAHLE werden neben den beschriebenen Stammdaten folgende Bewegungsdaten benötigt:

- Bestände
- Bedarfe aus Vorplanung und Kundenbedarfe
- Produktionsaufträge
- Bestellungen und Lieferpläne

---

12 Durch das **Generieren** eines Integrationsmodells werden die darin selektierten Daten „APO-relevant" gemacht

13 Durch das **Akitivieren** eines Integrationsmodells erfolgt die Übertragung der Daten in den APO

14 Ein **Produktionssegment** bei MAHLE ist ein eigenständiger Produktionsbereich innerhalb eines Produktionswerks

Auch die Bewegungsdaten werden erstmalig durch eine Initialübertragung und später durch Änderungsübertragungen dem APO-System zur Verfügung gestellt, wobei die Übertragung der Änderungen im Unterschied zu den Stammdaten in Echtzeit erfolgt.

4.7.3.2 Materialbedarfsplanung (MRP)

Erster Schritt im Planungsprozeß ist die Planung der Materialbedarfe ausgehend vom Kundenbedarf. Im APO steht dafür der Produktionsplanungslauf zur Verfügung, der in der einfachsten Ausprägung dem MRP-Lauf im R/3 entspricht.

Es wurde entschieden, im ersten Schritt den Produktionsplanungslauf im APO nicht zu nutzen, sondern den MRP-Lauf für alle Materialnummern ausschließlich im R/3 durchzuführen. Hierfür sprechen folgende Aspekte:

MRP im R/3

- **Synchronisierung der Planungen zwischen R/3 und APO ist schwierig:**

  Da einige Produktionsbereiche bei MAHLE kein APO einsetzen werden, muß für deren Produkte ohnehin ein MRP-Lauf in R/3 aufgesetzt werden. Würde man die APO-Produkte im APO-Produktionsplanungslauf planen müßten die Planungen der beiden Systeme synchronisiert, d.h. zeitlich aufeinander abgestimmt werden, da zwischen den Produkten Stücklistenbeziehungen bestehen. Diese zusätzliche Komplexität wird durch einen ausschließlich in R/3 stattfindenden MRP-Lauf vermieden.

- **Das PP/DS-Modul ist für einen kurzen Planungshorizont ausgelegt:**

  Das PP/DS-Modul ist für eine Planung im kurzfristigen Bereich (Feinplanungshorizont) ausgelegt, der mittel- und langfristige Bereich wird normalerweise im Modul SNP geplant. Da MAHLE das SNP-Modul nicht einsetzt, müßte der gesamte Planungshorizont im PP/DS abgebildet werden, was aus Performancegründen nicht möglich ist.

- **Einfache Lösung zum Produktivstart wird angestrebt:**

  Da MAHLE zeitgleich R/3 und APO einführt, wird eine einfache Lösung zum Produktivstart angestrebt. Es soll zunächst nur eine begrenzte Anzahl an Benutzern im APO arbeiten.

4.7.3.3 Feinplanung

Nachdem durch den MRP-Lauf im R/3-System eine infinite Einlastung der Planaufträge erfolgt ist, wird im kurzfristigen Bereich (Horizont 1-4 Wochen) die Feinplanung der zur Produktion anstehenden Aufträge durchgeführt. Hierbei werden folgende Prozessschritte durchlaufen:

Prozessschritte

- **Pflege des Kapazitätsangebots:**

  Vor Durchführung der interaktiven Feinplanung muß das Kapazitätsangebot auf den Ressourcen gepflegt werden. Hierfür werden vorkonfigurierte Schichtprogramme genutzt. Enthalten mehrere Ressourcen immer das gleiche Kapazitätsangebot so werden diese Kapazitäten mit Hilfe einer Referenzressource gepflegt.

- **Reihenfolgeplanung pro Engpassmaschine:**

  Zur Bildung einer konkreten Produktionsreihenfolge und dem Abgleich der Kapazitäten wird pro Fertigungsstufe an einer definierten Engpassmaschine eine Reihenfolgeplanung durchgeführt, die als Heuristik in der Feinplanungstafel aufgerufen wird. Vor- und nachgelagerte Vorgänge innerhalb der jeweiligen Auftragsstufe werden je nach Anforderung ebenfalls finit oder infinit eingelastet.

- **Planung von weiteren Engpässen im Produktionsprozess:**

  Treten in einer Auftragsstufe neben der definierten Engpassmaschine temporär weitere Engpässe auf, so wird eine manuelle Umplanung dieser kritischen Vorgänge in zeitlich vor- oder nachgelagerte, freie Kapazitätslücken vorgenommen. Eine weitere Reihenfolgeplanung (Heuristik) in derselben Auftragsstufe ist jedoch nicht sinnvoll, da diese die vorangehende Planung wieder verändert.

- **Umplanung von Aufträgen auf Ausweichressourcen bei Überlast:**

  Tritt eine hohe Überlast auf einer Ressource ein, die nicht durch das Verschieben von Vorgängen behoben werden kann, wird eine Umplanung auf Ausweichressourcen per alternativem Modus (Ausweichplatz) oder bei Änderung des Prozessablaufs über ein alternatives PPM (Ausweichlinie) vorgenommen.

- **Erstellen von Simulationsversionen:**

  Zum Gegenüberstellen verschiedener Planungsszenarien werden ggf. verschiedene Simulationsversionen erstellt. Im Anschluß wird eine Simulationsversion in die aktive Planversion übernommen.

- **Fixierung der Aufträge im Feinplanungshorizont:**

  Das geplante Produktionsprogramm wird nun in einem definierten Horizont (frozen zone) fixiert. Dieser Horizont kann abhängig vom Produkt 1 – 4 Wochen betragen. Die Fixierung wird durch Umsetzung in einen Fertigungsauftrag oder Fixierung des Planauftrags vorgenommen.

- **Übergabe an den Ausführungsprozeß im R/3**

  Nach dem Sichern der Planung werden die neuen Auftragstermine per CIF-Schnittstelle ans R/3-System übergeben, wo diese für den Ausführungsprozeß zur Verfügung stehen.

4.7.4 Analyse von Ausnahmesituationen

Ausnahmesituationen im Wertschöpfungsprozess können mit dem Alert-Monitor betrachtet werden. Besonders wichtig bei der Definition eines Alert-Profils ist es, nicht mehr Alert-Meldungsarten als nötig einzuschalten und die Schwellwerte, bei denen eine Meldung angezeigt werden soll, realistisch einzustellen. Ansonsten wird man vom Alert-Monitor nicht den erhofften Nutzen erhalten, da man mit vielen, teils unnötigen Meldungen zugeschüttet wird und die wirklich relevanten Meldungen heraussuchen muss.

Alert-Monitor

Der Alert-Monitor kann neben der Standardanzeige aus verschiedenen Transaktionen heraus aufgerufen werden.

Sinnvoll ist dies beispielsweise in der Feinplanungstafel, um gezielt die entstandenen Ausnahmesituationen der dort geplanten Produkte auszuwerten. Will man gezielt die Liefersituation eines Produkts auswerten, so empfiehlt es sich die Produktsicht nach Alerts zu untersuchen. Eine zusätzliche Analysemöglichkeit besteht hier durch die Anzeige der Pegging-Struktur, die besonders in einer mehrstufigen oder parallelen Fertigung von Baugruppen einen schnellen Überblick über die Liefersituation ermöglicht.

Eine weitere sinnvolle aber performanceintensive Möglichkeit, Ausnahmemeldungen in einer mehrstufigen Fertigung auszuwerten, stellen Netzwerkalerts dar. Schaltet man diese Funktion im Alert-Profil ein, so werden entstandene Alerts einer Stücklistenstufe des Pegging-Netzes auf alle anderen Stufen vererbt, so dass man auf allen Produktionsstufen auf eine Ausnahmesituation vor- oder nachgelagerter Prozesse hingewiesen wird. Der Nachteil der Netzwerkalerts ist allerdings, dass die Anzahl der Alerts deutlich zunimmt und somit auch die Übersichtlichkeit darunter leiden kann. Abbildung 4.3 zeigt nochmals den Gesamtprozeß der Fertigungsplanung bei MAHLE.

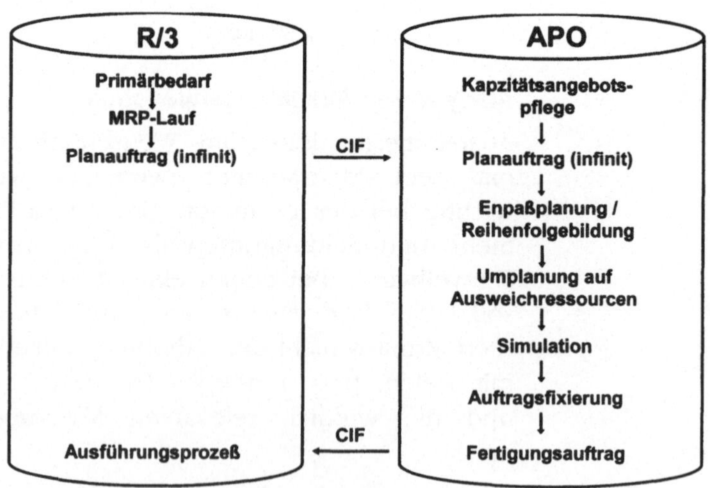

Abbildung 4.3: Prozeß Fertigungsplanung

4.8 Ausblick

Nach Abschluss des Projekts zur Einführung der SAP-Komponenten R/3, APO (PP/DS und DP) sowie BW wird MAHLE eine völlig neue Systemlandschaft haben. Es folgt die Einführung der erarbeiteten SAP-Konzepte bei weiteren MAHLE-Gesellschaften im In- und Ausland.

Im Bereich der Logistik- und Produktionsprozesse wird MAHLE nach Umsetzung der beschriebenen Konzepte mit Hilfe von APO-PP/DS einige Nutzenpotenziale erschließen.

Weitere Potenziale ergeben sich in den nächsten Jahren durch die Umsetzung von Maßnahmen wie Kapazitätsharmonisierung und Rüstzeitreduzierung sowie der Neuorganisation der Logistikverantwortung. Diese organisatorischen Maßnahmen werden zu einem noch effizienterem Einsatz von APO-PP/DS führen.

Über die weitere Ausprägung von APO-Funktionen nach Projektabschluss ist bislang noch keine Entscheidung getroffen worden. In absehbarer Zeit bieten folgende Funktionen und Maßnahmen weitere Entwicklungspotenziale:

- Planung aller Werke und Produktgruppen im APO
- Durchführung von finiten Produktionsplanungsläufen im APO
- Einsatz von SNP zur Kapazitätsgropblanung im mittel- und langfristigen Horizont und zur Planung von Produktverlagerungen innerhalb der europäischen MAHLE-Werke
- Einsatz des Optimierers

5 Optimierung der Supply Chain von Sachs Handel

Rainer Scheuring,
ZF Sachs AG

5.1 Zusammenfassung

Sachs Handel beliefert über ein weltweit verzweigtes Vertriebsnetz Großhändler und Händler des freien Automotive-Aftermarket mit Kupplungen, Stoßdämpfern und diversen Handelsprodukten. Das Logistiknetz besteht aus Standorten in Europa, Asien, Ozeanien, Nord- und Südamerika. Die Geschäftsprozesse der Gesellschaften werden sukzessive in einem gemeinsamen SAP-System abgebildet. Mit Hilfe von SAP-APO 3.0 wird die interne Supply Chain optimiert. Strategisches Ziel der Optimierung ist die Bündelung der Beschaffung von Handelsprodukten, die Optimierung der Bestände bei gleichzeitiger Verbesserung des Lieferservicegrades zum Kunden.

5.2 Kurzinformation zum Unternehmen

ZF-Sachs ist ein Unternehmen der ZF-Gruppe. Der Unternehmensbereich ZF-Sachs produziert mit weltweit über 17.000 Mitarbeitern Zulieferteile für die Automobilindustrie und erzielt damit einen Gesamtumsatz von 2,1 Mrd Euro. Die wichtigsten Produkte der Sachsgruppe sind Stoßdämpfer und Federbeine im Geschäftsbereich Fahrwerk sowie Kupplungen, elektrische Antriebe und Drehmomentwandler im Geschäftsbereich Antriebsstrang. Die Versorgung des freien Ersatzteilmarktes erfolgt über die Sachs Handelsorganisation, eine rechtlich selbständige Einheit innerhalb der Unternehmensgruppe. Sachs Handel macht mit über 900 Mitarbeitern einen Umsatz von über 400 Millionen Euro mit den Produkten aus der Sachs-Produktion und mit zugekauften Handelsprodukten diverser Hersteller. Die interne Logistikkooperation umfasst eine Vielzahl von Standorten (Abbildung 5.1). Sachs Handel nimmt mit seinen Marken Sachs und Boge in Europa eine führende Rolle im Ersatzgeschäft mit Kupplungen und Stoßdämpfern ein. Mit der großen Kundenbasis, globalen Präsenz, breiten Produktpalette im Komponenten-, Modul- und Systemgeschäft und seiner hohen Kompetenz spielt Sachs eine führende Rolle im globalen Automotive OE (Original Equipment) und AM-Business (After Market).

Abbildung 5.1: Logistikkooperation Business Unit Handel

5.3 Allgemeine Informationen zum Projektrahmen

Alle Standorte von Sachs Handel werden sukzessive zu einem Netzwerk zusammengeschlossen und in einem gemeinsamen SAP-System abgebildet. Mit Hilfe von SAP-APO 3.0 wird die interne Supply Chain optimiert. Strategisches Ziel der Optimierung ist die Bündelung der Beschaffung, die Optimierung der Bestände bei gleichzeitiger Verbesserung des Lieferservicegrades zum Kunden.

Org. Rahmen für die SAP-Einführung

Vor der systemseitigen Abbildung der ersten Landesgesellschaft wurde im Jahre 1997 ein Organisationsprojekt gestartet. Im Rahmen des Organisationsprojektes wurden –

abgeleitet von den strategischen Zielen der Geschäftsleitung - die globalen Geschäftsprozesse beschrieben und die organisatorischen Voraussetzungen für die Abbildung in einem weltweit einheitlichen SAP-System erarbeitet. Organisationsstrukturen, Prozesse und Datenstrukturen bekamen so einen globalen Zuschnitt, der den organisatorischen Rahmen für die SAP-Einführung bildet. Die Implementierung erfolgt auf Basis eines weltweit gemeinsam genutzten SAP-Systems in einem gemeinsamen Mandanten. Die typischen Prozesse und die organisatorischen Rahmenbedingungen wurden als Template hinterlegt. Das Template dient als Basis für die Rollouts in die einzelnen Landesgesellschaften.

5.4 Betrachtete Logistikprozesse und Anforderungen an die Software

Bereits im ersten Implementierungsprojekt bei der Landesgesellschaft in England wurde versucht, die typischen Prozesse des Geschäftes optimal abzubilden, um eine Musterlösung für alle weiteren Implementierungen zu schaffen. Es wurde hierbei – wo immer möglich – auf den SAP-Standard zurückgegriffen und – wo immer nötig – individuell ergänzt, um ein optimales Handling bei den Kernprozessen zu erreichen. In einer Gesellschaft wie in England werden dabei von etwa 50 Mitarbeitern täglich etwa 2500 Kundenauftragspositionen erfasst, und an 350 Kunden distribuiert. Weltweit liegt diese Zahl um Faktoren höher, ohne sich allerdings im Prozess signifikant zu unterscheiden. Die etwa 10.000 Artikel des englischen Sortiments werden auf ca. 17.000 Plätzen teilweise chaotisch gelagert.

Kernprozesse

Die logistischen Kernprozesse der einzelnen Landesgesellschaften sind:

- Planung und Abwicklung der Beschaffung aus internen und von externen Quellen: Prognose der zukünftigen Absätze, Ermittlung geeigneter Nachschubmengen
- Abbildung der Prozesse im Lager: Einlagern, Kommissionieren, lagerinterner Nachschub der Kommissionierplätze, Einzelverpackung der Produkte und die Versand-

abwicklung mit Verpackung und Erstellung der Versandpapiere

- Abbildung der Prozesse der Kundenauftragsabwicklung: Auftragserfassung, Lieferungsbearbeitung, Fakturierung Heute wird ein großer Teil der Auftragseingänge automatisch erfasst (EDI, Online Ordering). Das Gros der Positionen wird am Tag der Auftragserfassung bereits bearbeitet und ist am Morgen des Folgetages beim Kunden.

Interne Supply Chain

Bei der standortübergreifenden Betrachtung kommen die Prozesse der internen Supply Chain hinzu (Abbildung 5.2 und 5.3). Die Absatzprognosen aus den Landesgesellschaften werden mit denen der Zentrale in Deutschland zusammengeführt. Die summarischen Bedarfe bilden die Grundlage für die Beschaffung der Komponenten von den Lieferanten und die Verteilung der Warenströme im internen Netz.

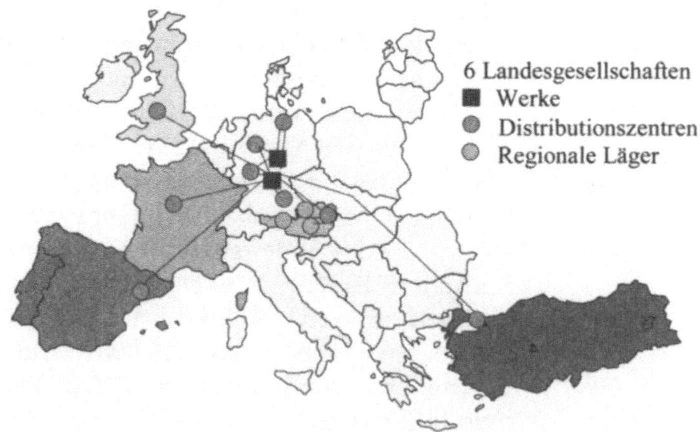

Abbildung 5.2: Interne Supply Chain von Sachs Handel in Europa

Da die tatsächlichen Absätze der einzelnen Landesgesellschaften bei vielen Produkten kurzfristig vom Plan abweichen, ist die Optimierung der Bestände im gesamten Netzwerk notwendig, um Lieferengpässe aus einzelnen Lagern möglichst bereits in der Entstehung zu erkennen und auszugleichen. Ist eine Auftragsposition trotz der optimierten Verteilung der Bestände im eigenen Lager nicht verfügbar, dann soll das System auf andere Lager ausweichen können, um den Kunden aus den Beständen des Netzwerkes direkt zu beliefern.

Gläsernes Lager

Die Zugriffe auf das ‚gläserne Lager' der internen Supply Chain unterliegt Regeln, damit ein betriebswirtschaftlich und logistisch sinnvolles Ergebnis entsteht. Die regelbasierte Verfügbarkeitsprüfung der Materialien im Netzwerk bildet die Grundlage für die Entscheidung, welche Artikel künftig in welchen Gesellschaften lagern werden. Durch den informationstechnischen und logistischen Verbund können die Langsamdreher zentral gepoolt werden ohne die Möglichkeit der Versorgung aller Märkte mit allen Artikeln zu verlieren.

Es ist im Grunde eine Frage der Optimierung von Transport- und Lagerhaltungskosten, die darüber entscheidet, ob ein Langsamdreher nur zentral oder auch dezentral lagert. Voraussetzung ist natürlich die Zusammenarbeit mit überregionalen Spediteuren, die eine Expressbelieferung auch grenzüberschreitend sicherstellen können.

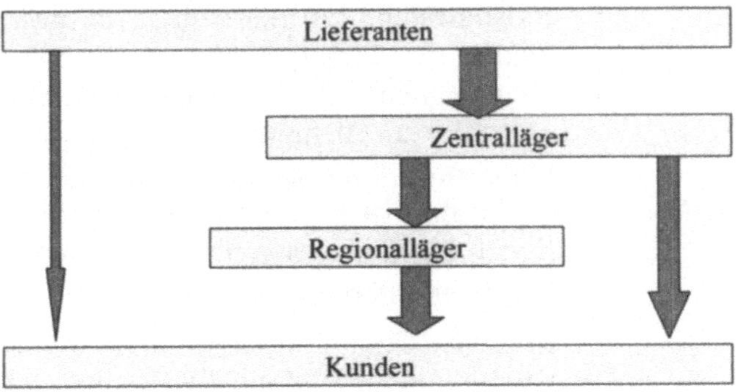

Abbildung 5.3: Warenflüsse in der Supply Chain von Sachs Handel

5.5 Warum eigentlich SCM-Systeme in Ergänzung zu ERP-Systemen?

SCM stellt für jedes Projekt eine nicht zu unterschätzende zusätzliche Komplexität, ein weiteres Betriebsrisiko (weitere Server, weitere Schnittstelle) und last but not least eine zusätzliche Investition in Hard-/ Software und spezifische Skills dar. Zudem gibt es viele Handelsunternehmen (allerdings oft mit zentraler Marktversorgung), die mit den Möglichkeiten eines ERP-Systems schöne schlanke Lösungen betreiben.

Optimierungspotenziale

Bei einer Marktversorgung über mehrere eigene Handelsstufen ergeben sich aber erhebliche Optimierungspotenziale, die mit einer R/3 ERP Lösung nur ungenügend realisiert werden können (netzwerkweite Optimierung der Bestände, standortübergreifende regelbasierte Verfügbarkeitsprüfungen, Disposition von Kundenlagern, zentrale Lagerung von C-Teilen, Neuordnung der Marktversorgung und der Warenströme). In unserem Fall sind am Ende mehr als 20 dezentrale Standorte mit regionaler Marktversorgung beteiligt, die eine hohe Überdeckung im Produktprogramm, einen entsprechend hohen Innenumsatz und somit ein hohes Optimierungspotenzial bieten.

Es ist schwierig, die Wirtschaftlichkeit der SCM-Lösung zu Projektbeginn zu berechnen, da man zu diesem Zeitpunkt weder die Projektkosten noch die Einsparungen hinreichend genau kennt. Außerdem kommen die Ausgaben verstärkt zu Beginn, während sich die Einsparungen erst mit dem Rollout in die Gesellschaften stufenweise ergeben. Es kommt also erschwerend auch noch der Faktor Zeit hinzu, der bei weltweit ausgerichteten IT-Projekten weitere Unsicherheiten beinhaltet.

In diese Betrachtung sind nicht zuletzt auch IT-strategische Überlegungen mit einzubeziehen. Die Weiterentwicklung der SAP findet seit einiger Zeit fast ausschließlich nur noch in den New Dimension Produkten (APO, SRM, CRM ..) statt. Vor diesem Hintergrund wäre es eine Investition in eine Sackgasse gewesen, wenn Sachs die SCM-Anforderungen des Businessmodells, als Add-Ons in das R3-

System implementiert hätte. Ein solcher Versuch hätte ebenfalls zu einem hohen Implementierungsaufwand und zu hohen Folgekosten (Modifikationsabgleich) geführt.

Nachdem die Investitionen in ein neues Business-Modell mit einem neuen Softwarekonzept langfristiger Natur sind, hat sich die Geschäftsleitung von Sachs Handel letztlich dafür entschieden, nicht die Vergangenheit (R/3) zu optimieren, sondern gleich in die Zukunft (R/3 plus SCM) zu investieren, wohlwissend, dass zunächst eine hohe Anlaufinvestition zu tätigen ist, die sich erst langfristig auszahlt, da die Verfahren umso effizienter sind, je mehr interne Gesellschaften in die Optimierungsrechnung einbezogen werden können.

Integration

Ausschlaggebend für den Einsatz des SAP-SCM Tools APO 3.0 war die Nutzung einer Standardsoftware für ERP und SCM aus einer Hand. Ferner ist für uns die Verfügbarkeit der Onlineschnittelle zwischen dem R/3 Core System und dem SCM-Tool ein wesentliches Argument für die SAP-Software.

5.6 Vorgehensweise im Projekt

Das Gesamtprojekt gliedert sich in verschiedene Phasen.

a) Organisationsprojekt zum Design von Prozessen, Organisationsformen, Datenstrukturen - und zur Klärung der Verantwortlichkeiten für Dateninhalte (zentral/dezentral)

b) Implementierung einer Musterlösung für Landesgesellschaften (R/3)

c) Rollout der Musterlösung auf andere Landesgesellschaften (R/3)

d) Abbildung der Prozesse der Zentrale (R/3 und APO)

e) Zusammenschluss der internen Supply Chain zu bereits implementierten Landesgesellschaften (APO)

f) Integration weiterer Landesgesellschaften (R/3 und APO)

g) Einbindung von Kunden in die Supply Chain Optimierung über VMI-Prozesse

Aktuell befinden wir uns beim Implementierungsschritt e).

Neben der Betreuung und der Optimierung des Livebetriebs kommt es derzeit zu weiteren Implementierungen in verschiedenen Landesgesellschaften (Abbildung 5.4).

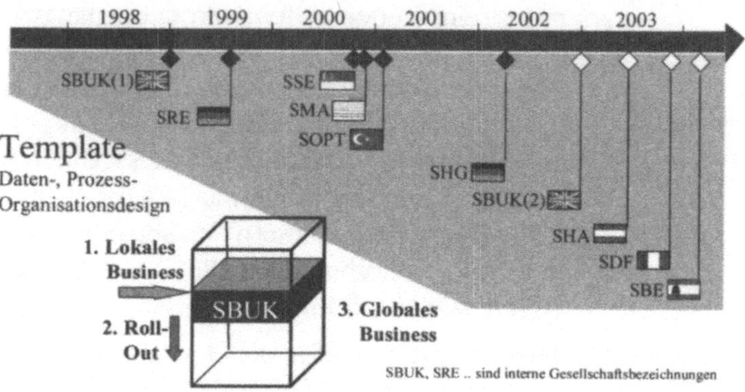

Abbildung 5.4: Sachs Handel Rollout Plan

Rollen

Es wurden in der Applikationsentwicklung deshalb zwei wesentliche Rollen ausgebildet.

- **Sachgebietsverantwortliche**
  Die Sachgebietsverantwortlichen haben die Hoheit über die systemseitige Abbildung der Geschäftsprozesse innerhalb ihres Sachgebietes. Sie entwickeln die Prozesse strategisch weiter und sie leisten den Second Level Support aus dem Back-Office der Zentrale. Sie kümmern sich um die permanente Optimierung der Prozesse aus Sicht des Sachgebiets (Beispiel Beschaffungslogistik)
- **IT-Projektberater**
  Die Projektberater rollen die Musterprozesse in den Landesgesellschaften aus. Sie sind für die Anpassung der Prozesse an die lokalen Gegebenheiten zuständig und sie sind verantwortlich für die Erfüllung der Arbeiten im Rahmen des Rollout-Projektplanes.

Fachliche Verantwortung

Die fachliche Verantwortung (Abbildung 5.5) für die Geschäftprozesse liegt bei

- **lokalen Key-Usern**

  Sie definieren die standortspezifischen Besonderheiten und nehmen die Implementierungen im Rahmen von

Funktions- und Integrationstests ab. Im laufenden Betrieb übernehmen die Key-User zusammen mit den lokalen IT-Kollegen den First Level Support und sie kümmern sich um die permanente Optimierung der Prozesse und der Dateninhalte aus Sicht des Standorts.

- **globale Koordinatoren**

  Die globalen Koordinatoren sind die fachlichen Owner der Geschäftsprozesse. Sie unterstützen die Rolloutprojekte fachlich und sie sorgen für den reibungslosen Ablauf der standortübergreifenden Abläufe.

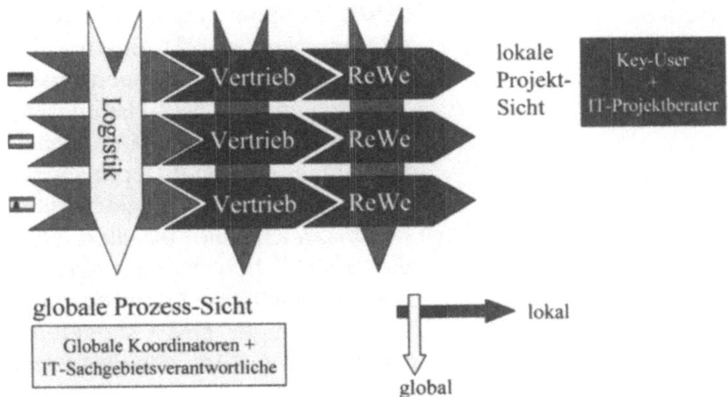

Abbildung 5.5: Lokale Projekt- und globale Prozessverantwortung

5.7 Einsatz des APO

Der APO kommt für die Optimierung der Supply Chain zum Einsatz. Vor dem Start des Implementierungsprojektes wurden wesentliche Fragestellungen aus unserem Business im Rahmen eines APO-Funktionsmusters abgebildet. Die Entscheidung der Abbildung unserer SCM-Prozesse auf Basis SAP-APO fiel im Frühjahr 2000.

Im Einzelnen kommen folgende APO-Module und Verfahren zum Einsatz:

- **Absatzplanung im Demand Planning (DP)** Abbildung der Prognose auf Basis historischer Absätze. Wir arbeiten mit einem Modellmix 60% Konstant und 40% Saison.

Dieses Modellmix brachte für uns die verlässlichsten Prognoseergebnisse. Die historischen Absätze werden dabei nicht – wie üblich - auf Basis tatsächlicher Warenausgänge sondern auf Basis der vom Kunden gewünschten Terminmengen gebildet. Ziel unserer Vorgehensweise ist die Vorhersage des tatsächlichen Kundenwunsches. Für die Zukunft ist geplant, die Prognosen aus den Vergangenheitsdaten mit zukunftsorientierten Vertriebsplanungen zu überlagern, um frühzeitig neue Marktindikatoren in die Absatzplanungen einfließen zu lassen.

APO – Module bei ZF-Sachs

- **Nachschubplanung im Supply Network Planning (SNP)** Im Rahmen der SNP-Planungen werden die Nachschubmengen der Distributionslager errechnet. Die zu den errechneten Zugängen passenden Bedarfe werden im Rahmen des SNP-Planungslaufs an das abgebende Lieferwerk übergeben. Der tatsächliche Warenfluss wird im Rahmen des SNP-Deployments nach fair share Regel B errechnet. Diese Regel sorgt für eine gleichmäßige Bestandsreichweite in allen Distributionszentren. Falls die tatsächlichen Absätze einzelner Distributionszentren die ursprünglichen Prognosewerte übersteigen, sorgt das Deployment für einen stärkeren Nachschub, wenn die Situation im Gesamtnetz dies erlaubt.

- **Bedarfsplanung und Optimierung im Production Planning (PP/DS)** Sachs Handel vertreibt im wesentlichen einzelverpackte Produkte. Um den Kommissionierprozess für die Kundenlieferungen möglichst störungsfrei ablaufen zu lassen müssen die einzelverpackten Fertigprodukte vorausschauend geplant und vorverpackt werden, da das Gros der Kundenaufträge erst sehr kurz vor dem Bedarfstermin eintrifft. Der Bedarf für die Fertigprodukte leitet sich folglich von den anonymen Prognosebedarfen, den konkreten Kundenbedarfen und den Umlagerbedarfen der eigenen Distributionszentren ab. Die Kundenbedarfe werden gegen die Vorplanbedarfe verrechnet. Um im Falle von überschießenden Kundenbedarfen dennoch eine hohe Lieferbereitschaft zu erreichen, wird sowohl auf den einzelverpackten Fertigprodukten als auch auf den unverpackten Komponenten mit Sicherheitsreichweiten gearbeitet.

Die Bedarfsplanung bündelt die Bedarfe nach periodischen Losgrößen, um so möglichst zusammengefasste Vorverpackungsaufträge zu bekommen. Die Verpackung wird über einstufige Stücklisten und einfache Arbeitspläne in einem Arbeitsgang abgewickelt. Der Verpackungsauftrag kann prinzipiell über drei Gruppen von Ressourcen (Vollautomat, Halbautomat und Handpackplatz) abgewickelt werden. Die Wahl des geeigneten Produktionsprozessmodelles wird über Kosten gesteuert, um abhängig von den Losgrößen die wirtschaftlich sinnvollste Ressourcengruppe auswählen.

Optimierer

Der PP/DS Optimierer sorgt für eine rüstfreundliche Reihenfolge der Planaufträge und für die kapazitätstreue Belegung der Ressourcen. Er lastet ferner alternative Ressourcen gleichmäßig ein. Falls der Kapazitätsbedarf das verfügbare Angebot überschreitet, werden diejenigen Planaufträge bevorzugt behandelt, die zur Deckung von konkreten Kundenbedarfen benötigt werden. Die unverpackten Komponenten (Stoßdämpfer und Kupplungskomponenten) aus den Werken der Sachs Produktionsgesellschaften werden über Lieferplaneinteilungen beschafft.

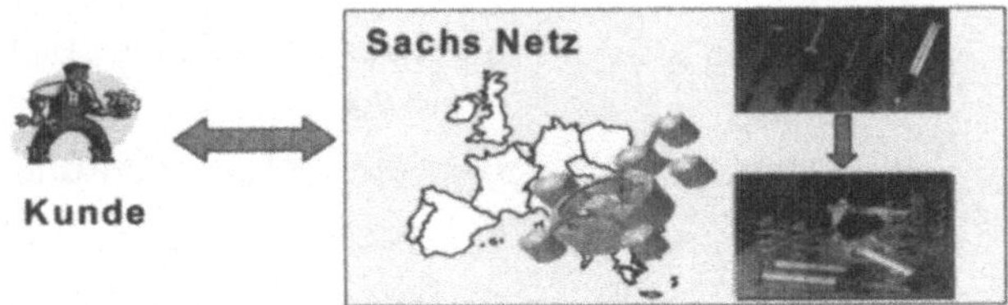

Beispiel für eine regelbasierte Substitution von Standorten und Prod

1 Wunschprodukt im Regionallager vorrätig?
2 Wunschprodukt in der Zentrale vorrätig?
3 Alternativprodukt im Regionallager vorrätig?
4 Alternativprodukt in der Zentrale vorrätig
5 Andere Lager?

Abbildung 5.6: Regelbasierte Verfügbarkeitsprüfung

- **Verfügbarkeitsprüfung und Rückstandsbearbeitung (ATP und BOP)**

  Die Verfügbarkeitsprüfung der Kundenauftraggspositionen wird regelbasiert ausgeführt (Abbildung 5.6). Es kommt dabei maximal zu folgenden Prüfschritten:

a) Wunschmaterial zum Wunschtermin im gewünschten Lager
b) Wunschmaterial zum Wunschtermin in anderen Lagern
c) Substituiertes Material zum Wunschtermin im gewünschten Lager
d) Substituiertes Material zum Wunschtermin in anderen Lagern
e) Wunschmaterial mit Verspätung im gewünschten Lager
f) Wunschmaterial mit Verspätung in anderen Lagern
g) Substituiertes Material mit Verspätung im gewünschten Lager
h) Substituiertes Material mit Verspätung in anderen Lagern
i) Rückstand auf letztem Material im gewünschten Lager

Ausnahmen

Je nach betriebswirtschaftlichem Ereignis werden dabei einzelne Prüfschritte ausgelassen. Klassische Ausnahmen sind beispielsweise:

a) Grosse Aufträge bleiben im Wunschlager oder werden in die Zentrale gelegt
b) Selbstabholende Kunden bleiben im Wunschlager
c) Thekengeschäfte bleiben im Wunschlager
d) Manche Kunden erlauben keinen Rückstand und keine Verspätung
e) Manche Kunden erlauben keine Artikelsubstitution

Diese Ausnahmen können sich auch untereinander kombinieren und führen so zu einer Vielzahl von Prüfregeln.

Die Kundenaufträge kommen über verschiedene Kanäle in unser System:

a) telefonisch über unsere Call Center
b) per Fax
c) per EDI mit verschiedenen Formaten
d) über das branchengängige Online-Bestellsystem TecCom, eine unternehmensübergreifende, web-

basierte Plattform, die von namhaften Teileherstellern betrieben wird.

Insbesondere für den elektronischen Auftragseingang (TecCom, EDI) war es uns wichtig, dass die ATP-Regeln passend zum Business-Fall automatisiert ablaufen, damit wir die Kundenaufträge mit bestmöglicher Nutzung aller verfügbaren Bestände im Netzwerk erfüllen können.

5.8 Mengengerüste und Mengenentwicklung

Die Abbildung unserer Massendaten war eine wesentliche Herausforderung für den APO. Da das Sizing der Zielhardware in den frühen Projektphasen schwierig war, wurde die APO-Hardware für die Massentests zunächst geleast und erst später gekauft (Tabelle 5.1 und Abbildung 5.7). Die einzelnen Planungsläufe wurden auf Basis des produktiven Mengengerüsts und auf Basis dieser Hardware optimiert, um so den tatsächlich benötigten Ressourcenbedarf für die Produktivumgebung zu ermitteln. Durch die große funktionale Breite kommt es zu zahlreichen Objekten, die zwischen den Systemen R/3 und APO online ausgetauscht werden müssen. Die Objekte werden in sogenannte Integrationsmodelle aufgenommen. Der Datenaustausch wird je nach betriebswirtschlichem Ereignis auf der R/3 oder auf der APO-Seite online angestoßen. Die Übertragung der Datensätze läuft asynchron über Queues gepuffert ins Partnersystem (Abbildung 5.7).

5.9 APO Systemlandschaft

Funktion	CPU's	Typ	Speicher	Betriebssystem
Datenbank Server	4	Intel PIII Xeon 700 MHz	4 GB	Win2000
Zentrale Instanz	4	Intel PIII Xeon 700 MHz	4 GB	Win2000
Applikationsserver	4	Intel PIII Xeon 700 MHz	4 GB	Win2000
Optimierungsserver	4	Intel PIII Xeon 700 MHz	4 GB	NT4.0
LiveCache	8	Alpha 731 MHz	8 GB	Tru64 Unix

Tabelle 5.1: Systemlandschaft

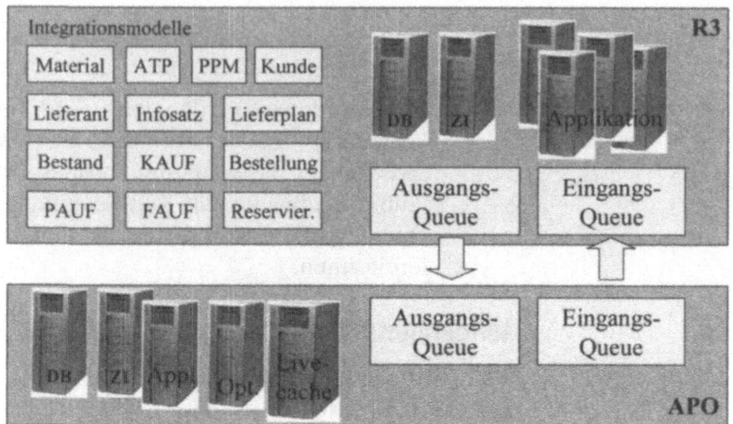

Abbildung 5.7: Systemlandschaft

5.10 Migrationstrategie

Im Projekt in der Zentrale in Deutschland wurden aus verschiedensten Altsystemen die Daten übernommen. Es mussten im Rahmen der Migration umfangreiche Datenbereinigungs- und Ergänzungsprogramme gefahren werden, um die Daten an die Strukturen des globalen R3-Systems anzupassen. Es kam dabei organisatorisch zum Wechsel nahezu aller führenden Schlüsselbegriffe (Material, Kunde, Lieferant) mit zahlreichen n:1 sowie 1:n Übergängen. Schließlich nahmen im April 2002 alle sechs Standorte der Zentrale in Deutschland gleichzeitig den Betrieb im R/3 Core, im APO und im BW mit einem sehr hohen Daten- und Transaktionsvolumen auf.

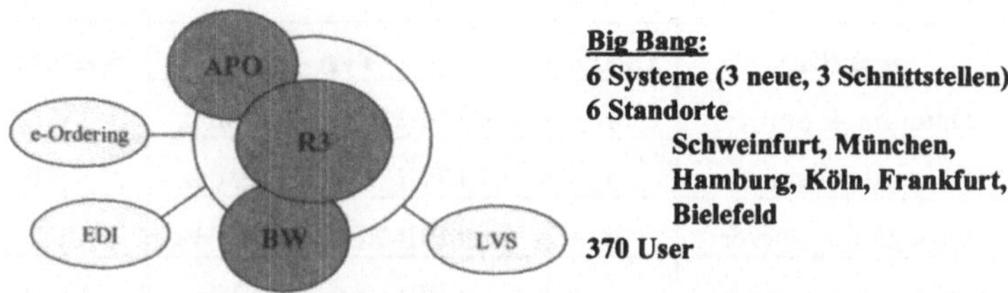

Abbildung 5.8: Migrationsstrategie der Zentrale in Deutschland

Es wurden ferner mit Systemstart die Schnittstellen zu einem dezentralen Lagerverwaltungssystem, zu einem Online Ordering System und zum EDI Subsystem aktiviert (Abbildung 5.8).

5.11 Projekterfahrungen

Zum Zeitpunkt des Implementierungsprojektes war APO im Vergleich SAP R/3 noch eine relativ junge Software. Projektbegleitende Qualitäts- und Performanceverbesserungen seitens SAP haben letztlich zu dem guten Projekterfolg beigetragen. Zur Implementierung empfiehlt sich ferner der Einsatz eines erfahrenen Beraters, der die neuartigen Softwareansätze mit Ideen aus den Geschäftsprozessen in Einklang bringt. In unserem datenreichen und vielfältigen Projekt war der entwicklungsnahe Kontakt zur SAP ein wichtiger Faktor. Die Implementierungsprobleme konnten durch die intensive Zusammenarbeit kompetent und zeitnah gelöst werden.

5.12 Realisierter Nutzen und Nutzenpotenziale

- **kurzfristiger Nutzen**

  Die Geschäftsprozesse der Zentrale in Deutschland werden in einem einheitlichen EDV-System erfasst. Doppeleingaben und Schnittstellen entfallen.

  Das Online-Ordering-System kann die angefragten Auftragsmengen nun direkt reservieren.

  Durch die Werkssubstitutionen werden zusätzliche Verfügbarkeiten für Kundenaufträge geschaffen.

  Das ERP-System kennt den Verpackungszustand der Materialien (verpackt / unverpackt), die zuvor fälschlich versuchte Kommissionierung von Produkten im falschen Verpackungszustand findet nicht mehr statt.

- **mittelfristiger Nutzen**

  Die Prognosen, die Dispo-Parameter und die Deploymentalgorithmen beginnen nach 2-3 Monaten zu greifen und sorgen so für eine plangesteuerte Bevorratung der Lager.

Der Lieferservicegrad für Kundenaufträge verbessert sich sukzessive.
Der Verpackungsprozess kann rüstoptimiert werden und auf den für die Losgröße jeweils kostengünstigsten Ressourcen ausgeführt werden.

- **langfristiger Nutzen**

  Es kann auf Basis der vorhandenen Systemvernetzung über Veränderungen in der Bevorratungsstrategie nachgedacht werden. Langsamdreher können zentral bevorratet werden, ohne die Marktversorgung zu gefährden. Große Kundenaufträge müssen künftig nicht mehr aus den dezentralen Lagern bedient werden, wenn eine Direktbelieferung via Zentrale logistisch sinnvoller und kostengünstiger ist.

  Die Kapazitäten der Produktverpackung können vorausschauend geplant werden. Überstunden und Veränderungen der Schichtmodelle können entsprechend geplant werden.

Erkenntnis

Eine wichtige Erkenntnis aus den Anfängen des APO Betriebes ist, dass die integrierten Planungsprozesse der Supply Chain Zeit brauchen, um sich auf das neue Niveau einzupendeln. Zum Projektbeginn kann es daher zu einem ruckartigen Einschwingen der kurzfristigen Parameter kommen. Dies führt dann zu Engpässen, wenn die kurzfristig einsetzenden Veränderungen nicht auf den Vorlauf der langfristigen Parameter treffen.

5.13 Ausblick auf den Ausbau der APO-Nutzung

Durch die Ausweitung der in den deutschen Standorten erfolgreich eingeführten SCM-Prozesse auf die ausländischen Landesgesellschaften entstehen die besonderen Nutzenpotenziale des SCM-Gedankens, da die zuvor beschriebenen Funktionen dann im gesamten Netzwerk wirken können. Ferner werden die Nachschubprozesse an die Auslandsgesellschaften über Umlagerungsbestellungen abgebildet. Dies führt zu erheblichen Handlingverbesserungen im Prozess. Die Beschaffung gemeinsamer Handelsprodukte von externen Bezugquellen kann über eine zentrale Einkaufsorganisation gebündelt werden.

VMI

In einer weiteren Ausbaustufe sollen die Nachschubprozesse wichtiger Kunden über VMI geplant werden. Für den Kunden fällt damit die eigene Disposition weg. ZF Sachs Trading kann, bedingt durch die verbesserte Information über die Reichweiten der Kundenlager, vorausschauend agieren, eine höhere Lieferbereitschaft seines Kunden an die nachgelagerten Handelstufen schaffen und so das strategische Ziel der optimalen und kürzest möglichen Belieferung des Kunden zu geringsten Kosten erreichen.

6 Optimierung der Supply Chain von Hydro Aluminium, Bereich Flexible Packaging

Michael Träger,
Hydro Aluminium Deutschland GmbH

6.1 Zusammenfassung

Dieser Aufsatz beschreibt die Einführung des APO mit nahezu der gesamten, in Release 3.0 verfügbaren Funktionalität in einem Unternehmen, das flexible Packstoffe herstellt. Der APO ist in unserer Implementierung vorbereitet zum Management der gesamten Supply Chain (SCM), von unseren Lieferanten bis zum Konsumenten. Collaborative planning, forecasting and replenishment (CPFR) ist dabei ein wesentliches Schlagwort, vendor managed inventory (VMI) ein anderes. Intern sind die wesentlichen Schlagworte das global available to promise (ATP) und das graphical planning board, die grafische Plantafel als Ergänzung der finiten und infiniten Heuristiken zur Feinplanung und Reihenfolgebildung zur Produktion (PP/DS).

6.2 Das Unternehmen

Vier Business Segmente

Die VAW Aluminium AG (zwischenzeitlich aufgegangen in der Hydro Aluminium Deutschland GmbH) in Bonn ist der größte deutsche Aluminiumerzeuger und -bearbeiter. Das Unternehmen ist in vier Business Segmente gegliedert: Primary Materials, Automotive Products, Rolled Products und Flexible Packaging.

Primary Materials

Im Business Segment Primary Materials wird das Aluminium „hergestellt". Dabei wird aus dem Aluminiumerz, dem Bauxit, über chemische Prozesse das Aluminiumoxid gewonnen. Aus dem Aluminiumoxid wird mittels Elektrolyse oder über Recycling das Aluminium erzeugt. Dieses wird zum Beispiel direkt in Walzbarren gegossen.

Automotive Products

Im Business Segment Automotive Products sind die Aktivitäten zusammengefasst, die den Markt der Automobilhersteller beliefern.

Rolled Products

Im Business Segment Rolled Products wird das Aluminium, ausgehend von Walzbarren, auf die vom Kunden geforderte Enddicke herabgewalzt. Dies kann bei Aluminiumfolie eine Enddicke von nur noch 6µ (Mikrometern) sein. Anschließend kann das gewalzte Material noch einer Oberflächen- oder Wärmebehandlung unterzogen werden. Dabei werden die mechanischen Eigenschaften oder die der Oberfläche des Materials, verbessert. Die Endprodukte von Rolled Products werden in den unterschiedlichsten Märkten weiterverarbeitet. Beispielhaft sei hier nur die so genannte Haushaltaluminiumfolie und die bei Kartonverpackungen verwendete Folie (Säfte etc.) erwähnt.

Flexible Packaging

Im Business Segment Flexible Packaging wird das dünn gewalzte Aluminium zu flexiblen Packmaterialien weiterverarbeitet. Beispielhaft seien hier Joghurtdeckel, Tablettenfolien oder allgemein kunststoffbasierte Verpackungen für Schokoriegel etc. genannt. Die Aluminiumfolie, Papierrollen oder Kunststofffolien werden teilweise zu Verbundwerkstoffen verarbeitet, lackiert und bedruckt. Das Drucken geschieht auf bis zu 10-Farben Druckmaschinen. Dieses Material kann noch gestanzt werden, so dass dem Kunden direkt die fertigen Joghurtdeckel als Platinen geliefert werden. Es können aber auch Beutel oder Pouches für Flüssigverpackungen hergestellt werden, oder das Material kann als Rollenware ausgeliefert werden.

Der europäische Vertrieb der Flexible Packaging ist in die Business Units

- Dairy (Molkereiprodukte),
- Food (Lebensmittel allgemein) und
- technical Application and Healthcare (Technische Anwendungen und Gesundheit, einschließlich Kosmetik)

unterteilt.

Projektfokus: Vier Landesgesellschaften in Europa

Die Produktionsaktivitäten in Europa sind in vier Landesgesellschaften zusammengefasst:

- Italien mit einer Fabrik,
- die Türkei mit einer Fabrik,
- Frankreich mit zwei Fabriken und
- Deutschland mit ebenfalls zwei Fabriken.

Die Aktivitäten in Asien, mit Landesgesellschaften in China, Indonesien, Thailand und den Philippinen sind derzeit noch nicht in das Projekt mit einbezogen.

In der Zwischenzeit ist die VAW aluminium AG an die Norsk Hydro verkauft und mit den Aluminiumaktivitäten der Norsk Hydro zur Hydro Aluminium verschmolzen worden. Das gesamte Spektrum der Aktivitäten hat sich damit deutlich erweitert, die Prinzipien sind geblieben. Das Segment Flexible Packaging blieb unverändert bestehen und soll als eine Einheit weiter veräußert werden.

6.3 Allgemeine Informationen über das Projekt

6.3.1 Ausgangssituation

Bei der VAW aluminium AG gab es aus der geschichtlichen Entwicklung des Unternehmens heraus, die unterschiedlichsten Auffassungen bezüglich IT-Tools, Prozessen und IT-Systemen. Unter Auffassungen bezüglich IT-Tools verstehe ich die Art und Weise, wie Unternehmensteile mit IT-Systemen umgehen, welche Erwartungshaltung an eine Automatisierung der Systeme existiert und wie die Betreuung der Anwender und Mitarbeiter im jeweiligen Unternehmensbereich durchgeführt wird. Teilweise war die organisatorische und DV-technische Betreuung ausgelagert, teilweise existierten starke Organisation- und Datenverarbeitungsabteilungen, die sowohl die Geschäftsprozesse im Detail kannten, als auch die DV-Lösungen in wesentlichen Teilen in Eigenleistung programmiert hatten. Die zentrale Organisation- und Datenverarbeitungsabteilung war einige Jahre zuvor in ein eigenes Unternehmen ausgegründet worden, zusammen mit der zentralen Organisation- und Datenverarbeitungsabteilung eines Schwesterunterneh-

Zentrale Organisations- und Datenverarbeitungsabteilung

mens. Es waren also die unterschiedlichsten Unternehmenskulturen in der VAW aluminium AG vertreten.

Stark fragmentierte DV-Landschaft

Darüber hinaus war die DV-Landschaft stark fragmentiert. Im WAN zum Beispiel, der Infrastruktur, waren alle Lösungen zu finden, die sich im Laufe der Zeit am Markt etablieren konnten. Auf der anderen Seite betrieben Teile des Konzerns R/2, Teile R/3, aber dann pro Gesellschaft ein eigenständiges R/3 System. Teilweise dominierten Eigenentwicklungen. Ein Bereich hatte sich darüber hinaus für i2 als den Lieferanten des Standardtools für die Logistik entschieden. Das Projekt befand sich bereits in einem fortgeschrittenen Stadium.

6.3.2 Motivation und Ziele des Projektes auf Konzernebene

Ziel: einheitliche IT-Landschaft

Die ursprüngliche Motivation des Konzerns war es, eine einheitliche IT-Landschaft zu bekommen. Somit stellte es sich zu Beginn als ein reines IT-Projekt dar, mit dem einfachen Ziel einheitliche IT-Systeme im Gesamtunternehmen einzuführen. Nicht zuletzt beeinflusst durch einen externen Berater, wurde aber schnell klar, dass es eine Basis ist, um einheitliche IT-Systeme überhaupt nutzbringend einsetzen zu können, die Geschäftsprozesse zu überarbeiten und, soweit das möglich ist, auch zu vereinheitlichen. Dazu kam die Motivation des Finanzbereiches, ein einheitliches Rechnungswesen, Controlling und ein zentrales Berichtswesen einzuführen. Nicht zuletzt sollte auch die Materialwirtschaft vereinheitlicht werden. Dies sollte einerseits der Logistik helfen - das Endprodukt eines Bereiches (von Primary Materials) ist der Rohstoff eines anderen Bereiches (von Rolled Products) - Bestände, Materialflüsse und Bestellungen vereinheitlichend zu kontrollieren. Andererseits sollten auch im Einkauf zumindest sogenannte Lead-Buyer Materialien vereinheitlichend beschafft und damit eine starke Verhandlungspositionen durch Volumenbündelung bei den Lieferanten erreicht werden.

Business Process Reengineering

Dazu kam die Motivation, durch Überarbeitung der Geschäftsprozesse, dem sogenannten Business Process Reengineering, das Unternehmen effizienter, schlanker, schlagkräftiger, beweglicher und schneller werden zu lassen, also das Unternehmen, zum damaligen Zeitpunkt gesehen, fit für das nächste Jahrtausend, das 21. Jahrhundert zu machen. Wachstum, auch durch Zukäufe von Unternehmen oder Unternehmensteilen, sollte einfach in die vorhandenen Prozesse eingepasst werden können. Neu zugekaufte Unternehmen sollten einfach „Blaupausen" der Geschäftsprozesse und die zugehörigen IT-Anwendungen „in die Hand gedrückt" bekommen und so innerhalb kürzester Zeit vollständig und einfach integriert werden können.

6.3.3 IT-Strategie

IT Strategie: SAP, Lotus Notes, Microsoft

Die IT-Strategie der VAW aluminium AG ist klar und einfach: Im sogenannten kaufmännischen und Logistikbereich sollte das SAP-System zum Einsatz kommen, zur Büroautomatisierung und als E-Mail-System Lotus Notes und als eigentliche Bürosysteme die Palette der Microsoft Software.

Outgesourctes Rechenzentrum

Es sollten, soweit möglich, Dienstleistungen von außen bezogen werden. Deshalb wurde nicht nur der Rechenzentrumsbetrieb outgesourced, sondern auch nahezu alle Programmier- und Organisationsressourcen. Im Unternehmen verblieb ein zentraler IT-Bereich, an der Spitze ein CIO, in dem alle IT-Ressourcen gebündelt wurden, die Querschnittfunktionen im Unternehmen darstellten. Lokal in den Werken verblieben die IT-Ressourcen, die für den Betrieb lokaler Systeme, wie zum Beispiel BDE oder Zeiterfassungssysteme benötigt werden. Somit gibt es in der Konzernzentrale eine SAP Competence Group, in den Werken und Niederlassungen bezüglich SAP jedoch keine Kompetenzen mehr.

6.3.4 Einbindung in die Unternehmenstruktur

Zentrale Führung des Projekts

Das Projekt, das zentral geführt, aber von den einzelnen Business Segmenten parallel kontrolliert wurde, erfasste das gesamte Unternehmen. Der Bereich Administration, die Buchhaltung, das Controlling und das zentrale Berichtswesen, wurden über alle Unternehmensbereiche hinweg als ein zentrales Teilprojekt geführt. Die einzelnen Business

Dezentrale logistische Teilprojekte

Segmente führten als ihre jeweiligen Teilprojekte den zugeordneten Logistikbereich. Somit sollte aus einer zentralen Adminlösung und insgesamt vier dezentralen Logistiklösungen ein gemeinsames System entstehen. Die vier Logistiklösungen waren den vier Business Segmenten, die im Kapitel 6.2 dargestellt sind, zugeordnet, wurden von diesen vertreten und als Teilprojekte unter ihrer Regie geführt. Dies wird im Kapitel 6.5, wenn es um die Projektorganisation geht, weiter ausgeführt.

6.3.5 Motivation und Ziele des Projektes auf Business Segment Ebene

Vereinheitlichung der Lösung über Modulkoordination

Die Struktur der VAW aluminium AG brachte es mit sich, dass die Geschäftsprozesse und IT-Tools (die Lösungen) bezüglich der Logistikanforderungen innerhalb eines jeden Business Segmentes unabhängig von den anderen Business Segmenten definiert und teilweise auch realisiert wurden. Es wurde auf zentraler Seite versucht, anhand der definierten Geschäftsprozesse dort Lösungen zu vereinheitlichen, wo gleiche oder ähnliche Geschäftsprozesse definiert wurden. Diese Vereinheitlichung wurde über die sogenannte Modulkoordination erreicht.

Definition der Core Processes

In unserem Business Segment Flexible Packaging legten wir das Hauptgewicht auf das Business Process Reengineering und eine noch deutlichere Ausrichtung auf unsere Märkte. Wir analysierten top-down unsere aktuellen Schwachpunkte und definierten, ebenfalls top-down, unsere zukünftigen, entscheidenden Prozesse, unsere sogenannten Core Processes. Parallel dazu wagten wir, gemeinsam mit unserem Berater, einen Ausblick, wie sich in fünf Jahren möglicherweise die Märkte darstellen könnten. Daraus leiteten wir, ebenfalls Top-Down, ab, welche Services unsere Kunden von uns erwarten, welche Services allgemein angeboten werden könnten und für welche Services unsere Kunden möglicherweise bereit sein könnten, Aufschläge beim Preis zu akzeptieren. Abschließend analysierten wir, welche Services möglicherweise unsere Kunden enger an uns binden könnten, als an unsere Wettbewerber. Dies sollte es uns ermöglichen, dem Trend hin zu reinen

Preisgeboten, insbesondere den Reverse-Auctions im Internet, etwas Gleichwertiges entgegen setzen zu können. Daran schloß sich ein „Goal-Setting“ an, in dem das Top Management von Flexible Packaging die ökonomischen Ziele für das Projekt festlegte.

6.3.6 Weitere Randbedingungen

Die VAW aluminium AG hatte in dieser Zeit ihre Aktivitäten stark gebündelt und zentralisiert. Dazu kam eine grundsätzliche Neuausrichtung des Gesamtunternehmens durch eine neue Aufbauorganisation während der Projektlaufzeit. Das Unternehmen wurde nach Marktgesichtspunkten ausgerichtet, es wurden sogenannte Business Units eingerichtet, die unterschiedliche Marktsegmente bedienten. Entsprechend wurde die Produktion zugeordnet, so dass die vorhandenen Kapazitäten der Business Unit zugeordnet wurden, die mehrheitlich Produkte auf dieser Kapazität herstellte.

Einrichtung von Business Units für die Bedienung der Märkte

In unserem Bereich Flexible Packaging wurde zusätzlich eine durchgreifende Reorganisation mit dem Ziel einer deutlichen Kostenreduzierung durchgeführt. Man hatte erkannt, dass in einem sich verschärfenden Wettbewerbssegment die Kostenposition deutlich verbessert werden musste. Dies brachte in der entscheidenden Phase, der Pilotierung des Systems, weitere Unruhe in das betroffene Werk. Somit war nicht nur das durch das Projekt bedingte Veränderungsmanagement, das in Kapitel 6.8 ausführlich erläutert wird, zu beachten, sondern auch die allgemeine Unruhe, die bei Rationalisierungen entsteht, musste abgefedert werden.

6.4 Betrachtete Logistikprozesse und Anforderungen an eine APS Software

6.4.1 Ausgangssituation

Ab hier betrachten wir nur noch das Business Segment Flexible Packaging der VAW aluminium AG in Europa.

Standort-übergreifende Kommunikation nur über Telefon, Telefax oder Email

Aus historischen Gründen bestand Flexible Packaging aus drei Gesellschaften innerhalb Europas, von denen jede ihr eigenes DV-System hatte. Die Vertriebsorganisation war europaweit allerdings nach Märkten strukturiert. Deshalb konnte jeder Vertriebsmitarbeiter in den Standorten „seiner" Gesellschaft die Auftragssituation, mögliche Lieferzeiten, Angebote, Auftragsbestätigung, Stand der Aufträge in der Produktion, Lagerübersicht bei noch nicht gelieferten Aufträgen, Rechnungen und Zahlungseingänge zu Lieferungen, einfach auf Knopfdruck sehen. Sobald aber Produkte nachgefragt wurden, die in einer der anderen Gesellschaften gefertigt wurden, war die Kommunikation nur noch mittels Telefon, Telefax oder e-Mail möglich (Abbildung 6.1).

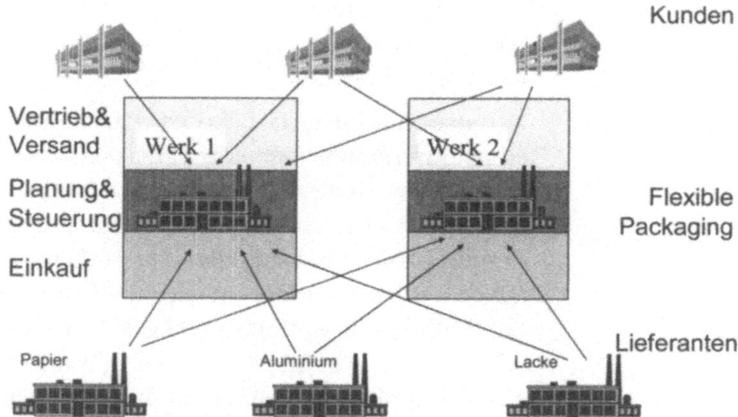

Abbildung 6.1: Ausgangssituation zu Projektbeginn

6.4.2 SCM-Strategie

Änderung der Supply Chain Strategie

Die Veränderungen des Marktes machten eine grundlegende Änderung der Supply Chain Strategie erforderlich. Einerseits sollten alle Gesellschaften eine DV-technische Unterstützung bei der Produktionssteuerung erhalten, andererseits mussten Lieferfähigkeit und Auskunftsfähigkeit für den Vertrieb deutlich verbessert werden. Daraus leitete sich ab, dass verstärkt über Absatzprognosen nachgedacht

Absatzprognosen

werden musste. Der Schwerpunkt sollte hier in der Verkürzung der Rohstoffbeschaffung einerseits, eines möglichen Produktionsstartes des eigentlichen Basismateriales andererseits, nur auf Lieferplänen und Absatzprognosen basierend, liegen. Diese Außenwirkung war der eigentliche Schwerpunkt des Projektes. Uns war klar, dass wir, als Zulieferer der Konsumgüterindustrie, uns langfristig dem durch Handel (Retailer) und „Industrie" (FMCG-Hersteller) erzeugten Druck, der sich in der ECR-Initiative Ausdruck verliehen hat, nicht werden entziehen können.

Die Absatzplanung sollte auf den jeweiligen Kunden zugeschnitten werden

Umfang der Absatzplanung

Kundenbasis

Art		Anz Kunden	Umsatz	Anz Aufträge
Key Kunden	VMI	132	60%	50%
	"traditional"			
Lokale Kunden	"groß"	452	36%	40%
	"klein"			
"sonstige" Kunden		778	4%	10%
TOTAL				

Rollierende Absatzplanung

Planung: Level	Planung: Frequenz	Planung: Horizont	Verant-wort-lich	Situation 2003
• Artikel	Ständig	Kunden-vereinbarung		>80%
• Produkt Familie	Ständig, Monatlich Aktualisiert	• 8 Wochen wöchentl. Verbrauch • 4 Monate monatl. Verbrauch • 2 Quartale		
• Konsolidiert				<20%

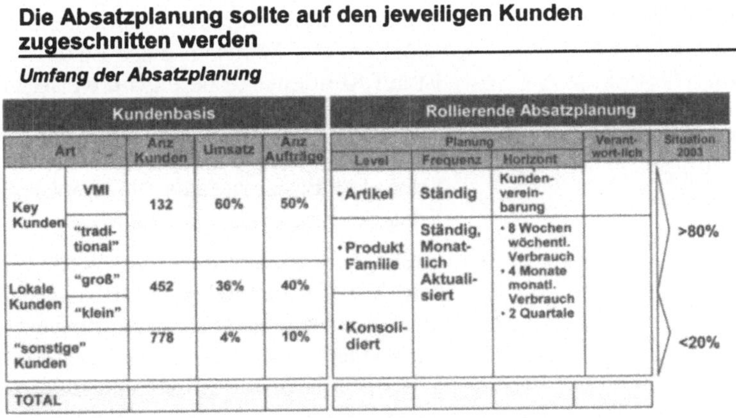

Abbildung 6.2: Kundenspezifische Absatzplanung

Elektronische Verbindung mit den Kunden

Die Strategie des Business Segmentes war es, ca 60% bis 80% des Umsatzes mit großen Kunden zu erzielen. Dieser Absatz sollte auf Basis einer aussagekräftigen Produkthierarchie einfach zu planen sein. Um diese einfache Planung zu erreichen, sollten davon ca. 50% bis 60% als Bedarfsprognose über elektronische Verbindungen mit unseren Kunden, zum Beispiel über EDI, direkt übertragen werden. Diese Planung könnte detailliert erstellt werden, da Prognosen auf Produktebene ohne großen manuellen Aufwand erstellt werden können. Die anderen 40% bis 50% müssen vom Vertrieb auf Produktgruppenebene manuell geplant werden. Die letzten, verbleibenden 20%

des Gesamtabsatzes sollten, grob abgeschätzt, wie eine Einheit geplant werden. (Abbildung 6.2).

6.4.3 Optimierungspotenziale im SCM

Die Optimierungspotenziale in der Supply Chain sind theoretisch hinlänglich beschrieben und können in der gängigen Literatur nachgelesen werden.

Speziell für Flexible Packaging stellt sich das Potenzial in der SC wie folgt schwerpunktmäßig dar:

Optimierungspotenziale der Supply Chain bei Flexible Packaging

- Einerseits haben unsere Rohstoffe teilweise bis zu 10 Wochen Lieferzeiten, andererseits wünschen unsere Kunden immer kürzere Lieferzeiten, teilweise nur noch 2 Wochen. Der Wunsch, diese Zeiten weiter zu verkürzen, ist auf Kundenseite bereits teilweise zu spüren.
- Einerseits ist jedes bedruckte Enderzeugnis kundenindividuell gefertigt, andererseits müssen wir bei der Herstellung des Basismaterials Harmonisierungen, und damit Kosteneinsparungen, erzielen.
- Einerseits erfordert die leicht verderbliche Ware, die unsere Kunden herstellen, unabdingbar das zeit-, mengen- und qualitätsgerechte Vorhandensein der Verpackungsmaterialien, andererseits sind bevorratende Lagerhaltungen bei uns und / oder bei unseren Kunden kapitalintensiv und möglichst zu vermeiden.

Abbildung 6.3: Die Spezifika unserer Supply Chain

Diese einfachen Beispiele zeigen deutlich das spezifische Optimierungspotenzial unserer Supply Chain, bis hin zum Handel (Abbildung 6.3).

6.4.4 Grobcharakterisierung der Einsatzbereiche und der relevanten Logistikprozesse

Die Einsatzbereiche des SCM-Tools lassen sich, abgeleitet aus den oben beschriebenen, spezifischen Optimierungspotenzialen, wie folgt grob charakterisieren:

Demand Planning für die Abschätzung der Kundenbedarfe

- Das Demand Planning (Modul DP des SAP APO) wird zur Abschätzung zukünftiger Bedarfe unserer Kunden benötigt. Dabei wird der Vertrieb in die Pflicht genommen, aufgrund seiner Marktkenntnisse für seine Kunden eine unbegrenzte Vorschau auf Produktgruppenebene zu pflegen. Die Produktgruppen müssen, gemeinsam zwischen Vertrieb und Produktionstechnologen abgestimmt, so definiert werden, dass es sich aus Vertriebssicht um noch sinnvoll pflegbare „Produkte" handelt, die Produktionstechnologie aber auf der anderen Seite in die Lage versetzt wird, Ressourcenbedarfe abzuleiten. Die daraus abgeleitete Information zur Rohstoffversorgung wird an unsere Zulieferer weitergegeben und dient dort der Absicherung der Absatzprognosen. Mit einigen großen Lieferanten, deren Produkte naturgegebenermaßen längere Lieferzeiten haben, als von unseren Kunden akzeptiert werden kann, wird über Rahmenverträge ein Abrufverfahren definiert, bei dem der Lieferant die Lagerhaltung, soweit noch benötigt, und die lückenlose zeit- und mengengerechte Vormaterialanlieferung sicherstellt. Unsere Produktion leitet aus den Kundenbedarfen Planaufträge für Vormaterial ab, das anonym, also ohne direkten Kundenauftragsbezug, gefertigt werden kann. Die benötigten Produktionskapazitäten wurden im Vorfeld abgeklärt und reserviert.

Supply Network Planning für die fabrikübergreifende Planung

- Das Supply Network Planning (Modul SNP des APO) dient der fabrikübergreifenden Darstellung benötigter Kapazitäten und dem Abgleich / Ausgleich nachgefragter und angebotener Ressourcen. Darüber hinaus stellt es das Instrument dar, mit dessen Hilfe sich Vertrieb und Produktion auf einen „machbaren" Absatzplan verständigen. Machbar bedeutet hierbei, dass der Vertrieb die

Verpflichtung eingeht, die auf höherem Level definierten Produkte abzusetzen, die Produktion sich andererseits verpflichtet, diese Produkte in der benötigten Menge zum vereinbarten „Zeitpunkt" auch zu liefern.

Available to Promise / Capable to Promise für Terminzusagen

- Das Available to Promise / Capable to Promise, (Modul ATP/CTP des APO) ermöglicht es dem Vertrieb, bei telefonischen Anfragen dem Kunden direkt einen möglichen Liefertermin nennen zu können.

APS ist ein mächtiges Werkzeug zur Produktionsplanung und ein "real time" Problemlöser zur Neueinplanung von Kundenaufträgen

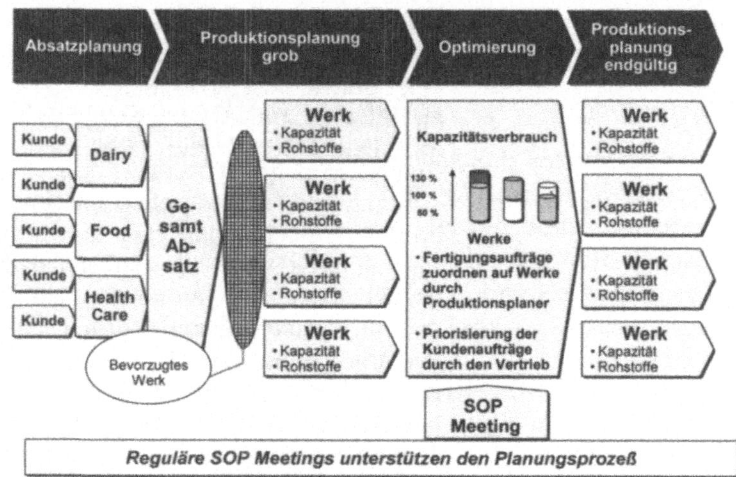

Abbildung 6.4: Grobkonzept APS

Finite Produktionplanung mit Integration zum ATP/CTP

- Die finite Produktionsplanung (das Modul PP/DS des APO) dient der Sicherstellung der benötigten Ressourcen in der Produktion, so dass die den Kunden zugesagten Liefertermine auch tatsächlich eingehalten werden können. Darüber hinaus ist es eine für ein funktionierendes ATP/CTP notwendige Voraussetzung.
- Die Produktionsplanung und –steuerung benutzt zusätzlich die graphische Plantafel, um die Reihenfolgeplanung für die Produktion vorzunehmen (siehe hierzu auch Abbildung 6.4).

6.4.5 Kernanforderungen an die Systemunterstützung

Die Kernanforderungen an die Systemunterstützung lauten kurz und knapp:

Produkthierarchie

- Die Definition von Produkthierarchien sollte einfach und flexibel möglich sein.
- Das Absatzplanungstool sollte einfach bedienbar sein.

Simulation in der Absatzplanung

- Das Absatzplanungstool sollte „Simulationen" unterstützen, mit dem Ziel, einerseits Kapazitäten „optimal" zu belegen, andererseits einen „optimalen" Deckungsbeitrag zu erwirtschaften.

Zeitbuckets

- Die Definition der zugrunde liegenden Zeitbuckets sollte einfach und variabel sein. Hinweise:
    - Für die „fernere" Zukunft, zum Beispiel 6 Monate und mehr in der Zukunft, genügen meistens monatliche Darstellungen.
    - Für unterschiedliche Kunden können auch in der nicht so fernen Zukunft unterschiedliche Zeitbuckets benötigt werden, abhängig von der Detailausgestaltung der Verträge.

ATP/CTP

- Die Funktionalität Available to Promise / Capable to Promise muss verfügbar sein. Diese Funktionalität ist aus Business-Sicht die Möglichkeit für den Vertrieb, online Kundenbedarfe einzugeben und eine „sofortige" Rückmeldung des Systems bezüglich Machbarkeit / Lieferfähigkeit zu erhalten. Diese Funktionalität kann als die zentrale Funktionalität des Systems / Tools eingeschätzt werden.

Finite Produktionsplanung

- Finite Produktionsplanung bezüglich aller denkbaren Ressourcen. In unserem Fall bezüglich Rohstoffen, Halbfabrikaten, Druckwerkzeugen und Maschinenkapazitäten. Die finite Produktionsplanung sollte Simulationen ermöglichen mit dem Ziel, bei unvorhergesehenen Ereignissen mögliche Alternativen aufzeigen und mit dem Vertrieb die optimalen Maßnahmen besprechen zu können.

Integration in das vorhandene ERP-System

- Integration in das vorhandene ERP-System. Sowohl in der Benutzeroberfläche, als auch in der Funktionalität soll sich das Gesamtsystem wie ein monolithisches System verhalten. Bei der Funktionalität sind insbesondere integrative Fragen zu beachten, wie:

Integration FI/CO

- Kann die Absatzplanung auch dafür herangezogen werden, im Finanz- oder Controllingmodul das aufgrund des angestrebten Absatzes zu erwartende Jahresergebnis zu berechnen oder zu simulieren?

Abgleich der Daten- und Informationsstrukturen zwischen R/3 und APO

- Können die Details des im APO berechneten Produktionsganges bezüglich Kosten an das Controllingmodul als Plankosten dieser Produktion zurückgespielt werden und ist das ERP-System in der Lage diese Details auch zu verarbeiten? Ist es also möglich, die Daten- und Informationsstrukturen der Systeme anzugleichen? Dies betrifft in gleicher Weise zum Beispiel die Stücklisten und Arbeitspläne. Gutmengen, aber auch insbesondere Ausschussmengen. In unserer Branche fällt grundsätzlich bei jedem Arbeitsgang ein Ausschuss (Wertstoff) an, der nach Erfahrungswerten „geplant" und bei der Berechnung der benötigten Einsatzmenge berücksichtigt werden muss. Dieser Anfall ist auch abhängig von dem Weg des Materials durch die Fabrik, also von alternativen Arbeitsplänen zu einem Produkt (Abbildung 6.5).

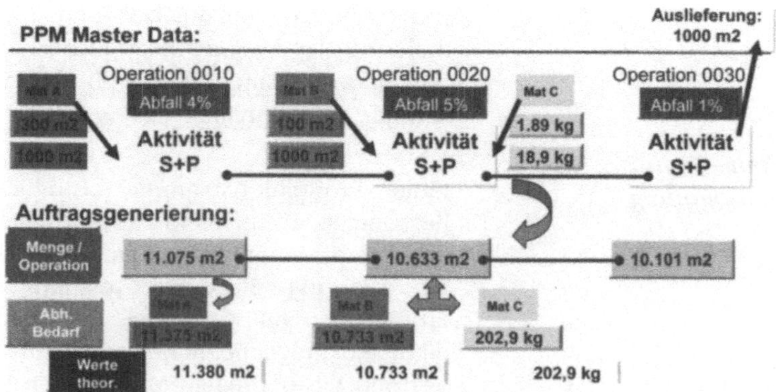

Abbildung 6.5: Ausschussberechnung im APO

6.5 Vorgehensweise im Projekt

6.5.1 Projektphasen

Die Projektphasen wurden mit Hilfe eines externen Beraters gemeinsam wie folgt festgelegt:

Pre-Scoping

- Pre-Scoping: In dieser Phase wurde eine grobe Schwachstellenanalyse durchgeführt, ein grobes Sollkonzept definiert und eine erste Abschätzung der Potenziale durchgeführt.

Goal-Setting

- Goal-Setting: In dieser Phase wurde der Markt auf zukünftige Veränderungen überprüft. Das war ein Top-Down Ansatz, der mit der Definition einer Mission für das Unternehmen Flexible Packaging begann (siehe auch Abbildung 6.6) Daraus wurden die Anforderungen, die Deliverables, an das Projekt festgelegt. Das waren sowohl direkt das wirtschaftliche Ergebnis beeinflussende Größen, wie Senkung der Materialkosten, als auch indirekte, wie Umsatzerhöhungen.

Scoping Phase

- Die nächste Phase war die Scoping Phase, in der sowohl die wirtschaftlichen Kennzahlen des Projektes, als auch die Anforderungen an das Tool im Detail festgelegt wurden. Der Abschluss war die Auswahl des SCM Tools, eines „Advanced Plannier and Optimizer System".

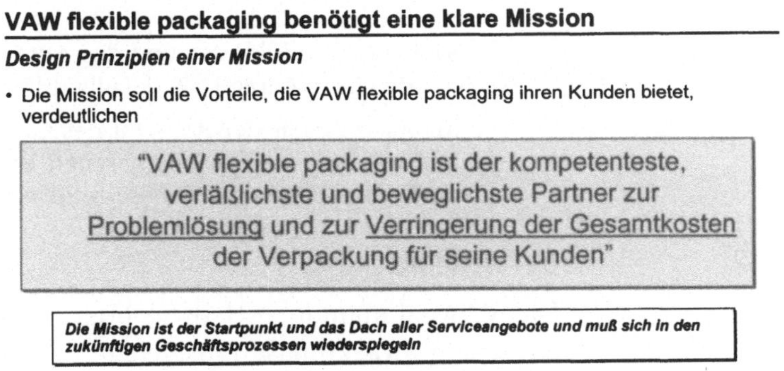

VAW flexible packaging benötigt eine klare Mission

Design Prinzipien einer Mission

- Die Mission soll die Vorteile, die VAW flexible packaging ihren Kunden bietet, verdeutlichen

"VAW flexible packaging ist der kompetenteste, verläßlichste und beweglichste Partner zur <u>Problemlösung</u> und zur <u>Verringerung der Gesamtkosten</u> der Verpackung für seine Kunden"

Die Mission ist der Startpunkt und das Dach aller Serviceangebote und muß sich in den zukünftigen Geschäftsprozessen wiederspiegeln

Abbildung 6.6: Mission der VAW flexible packaging

Blue-Print Phase

- Daran schloss sich die Blue-Print Phase an, in der der das Tool implementierende Berater eingebunden wurde. Gemeinsam wurden die Prozesse verfeinert. In einem

Dokument wurde jeweils die Business- und die Tooldefinition festgeschrieben. Wesentlich war hierbei die Konzentration auf unsere „Kernprozesse". Darüber hinaus haben wir mit dem EDV-Berater die „verbleibenden" SAP-Prozesse daraufhin überprüft, ob der Standard zum Einsatz kommen kann, oder ob es bislang nicht erkannte Abweichungen gibt. Das war gleichzeitig das Ausphasen des Business-Beraters.

Template Development Phase

- Als nächste Phase kam die Template Development Phase, in der eine „80%" Lösung für die europäischen Gesellschaften übergreifend im System eingestellt wurde. Hier wurde das Instrument „Modulkoordination" eingesetzt. Aufgabe der Modulkoordinatoren war es, zu überprüfen, ob einzelne Bausteine so formuliert, customized werden können, dass sie übergreifend über Business Segmente hinweg zum Einsatz kommen können. In der Praxis ergab sich die Schwierigkeit, dass der Ansatzpunkt eigentlich nur die Gechäftsprozesse sein können. Nur wenn es gelingt sich auf einheitliche Prozesse zu einigen, kann das Tool einheitlich eingestellt werden.

Piloting Phase

- Mit der Piloting Phase, in der das System in einem ersten Tochterunternehmen eingeführt und optimiert wurde, gab es ein vorläufiges Ende des Aufbaues des Systems. Es zeigte sich jedoch, dass insbesondere ein derartig komplexes System, wie ein SCM-Tool, ein völliges Umdenken der Mitarbeiter erforderlich macht. Deshalb musste eine Task-Force gegründet werden, die die tatsächliche Produktivsetzung des APO begleitete. Hierüber werde ich in Kapitel 7.8 detailliert berichten.

Roll-Out

- Mittlerweile hat der Roll-Out des Gesamtsystems auch in die anderen Tochterunternehmen erfolgreich stattgefunden. Auch hierzu weitere Einzelheiten in Kapitel 6.8.

6.5.2 Meilensteine

Die VAW aluminium AG hatte übergreifende Meilensteine der ersten Projektphasen festgelegt:

- Die Scoping-Phase war bis zum 31.12.1999 abgeschlossen.
- Die Blue-Print Phase endete im Mai 2000.
- Die Template Development Phase endete im Dezember 2000.

- Wir konnten (mit dem Gesamtsystem R/3 und APO) im Juni 2001 die Piloting Phase insoweit abschließen, als das neue Kernsystem R/3 in der ersten Gesellschaft live gesetzt wurde. Daran schloss sich allerdings eine leidvolle Zeit der Optimierung des R/3-Systemes an, bis gegen Ende des Jahres das Vertrauen geschaffen war, den APO mit allen seinen Funktionen tatsächlich in Produktion zu nehmen. Die Erfahrungen dieser Zeit sind ebenfalls in Kapitel 7.8 ausführlich beschrieben.
- Anfang August 2002 ging als Big-Bang die zweite, am 1.10.2002 die dritte Landesgesellschaft live. Auch die Erfahrungen dieser Produktivsetzungen finden Sie in Kapitel 7.8 detailliert beschrieben.

6.5.3 Projektorganisation

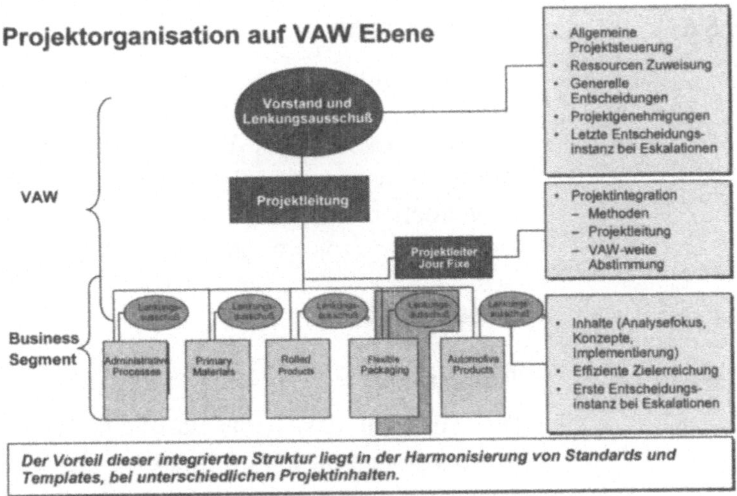

Abbildung 6.7: Projektorganisation

Zentrale Projektleitung im Vorstand

Die VAW aluminium AG hat das Gesamtprojekt der Reorganisation zentral organisiert und die zentrale Projektleitung in den Vorstand gelegt. Mit der Gesamtprojektleitung wurde der Generalbevollmächtigte der VAW betraut. Darunter war das Projekt auf Business Segment Ebene mit Projektleitern aus dem jeweiligen Business Segment organisiert, die dem jeweils verantwortlichen Vorstandsmitglied berichteten (Abbildung 6.7).

6.5.4 Qualitätsmanagement

Regelmäßiger Bericht an den Gesamtvorstand

Die einheitliche Qualität des Projektes wurde sichergestellt, indem der externe Berater und der Gesamtprojektleiter regelmäßig dem Gesamtvorstand berichteten, andererseits die Projektleiter in regelmäßigen Jour fixe Sitzungen nach einheitlichen Methoden und Dokumenten den aktuellen Projektstand berichteten und ihre Erfahrungen austauschten. Dazu kommen die üblichen Qualitätssicherungsmethoden bei EDV Projekten, wie unterschiedliche DV-Systeme für Test und Entwicklung, Qualitätssicherung und Produktion etc. einschließlich jeweiliger Testprozeduren und abgesicherter und dokumentierter Transportverfahren.

6.5.5 Dokumentation

Die Dokumentation erfolgte nach einer einheitlichen Methodik. Alle nicht IT-nahen Dokumente waren PowerPoint, Winword oder Excel Dokumente. Das Customizing des Systems wurde direkt im IMG dokumentiert, konnte aber auch nach Winword exportiert werden, so dass einfach lesbare Dokumente entstanden.

6.6 Einsatz des APO

6.6.1 Toolauswahl

Die Auswahl des Tools wurde im wesentlichen während der Scoping Phase durchgeführt. Es wurde ein Team aus Spezialisten der verschiedenen Werke zusammengestellt, das unter der Anleitung des externen Beraters die Auswahl durchführte. Nachdem anfangs verschiedene Tools in Betracht gezogen wurden, kristallisierten sich schnell i2 und SAP als die für uns wichtigen potenziellen Lieferanten heraus. Es wurde bei beiden Tools versucht ein Modell unserer Anwendungen zu erstellen. Bei SAP wurde dies von einem externen Berater vorgenommen, bei i2 war es der Hersteller selbst. APO lag damals als Release 2.0 vor. Da aber die Planungen der SAP bezüglich Release 3.0

i2 und SAP als potenzielle Tool-Lieferanten

bekannt gegeben wurden, haben wir „theoretisch" APO Release 3.0 mit bewertet. Die Highlights unserer Bewertung:

Highlights der Bewertung von i2 und SAP

- i2, als seit langem am Markt etabliertes System, ist bekannt, sowohl Stärken, als auch Schwächen, Berater und Produkt-Know-How sind am Markt verfügbar.
- Die Integration der unterschiedlichen Module in eine einheitliche Bedienoberfläche erschien unseren Anwendern bei SAP besser gelungen. Dies galt natürlich erst recht bezüglich der Integration in die Oberfläche des R/3, unseres ERP-Systemes.
- Auf der anderen Seite waren die Risiken zum Einsatz des APO höher - wir benötigten definitiv die Funktionalität des Release 3.0 - als bei den vergleichbaren i2 Tools. Release 3.0 war nicht allgemein verfügbar. Damit konnten keine Aussagen zur Stabilität und zum tatsächlich ausgelieferten Funktionsumfang getroffen werden. Es stand zu erwarten, dass das am Markt verfügbare Produkt-Know-How bei Beratern deutlich geringer ausfallen würde, als es bezüglich i2 der Fall ist.
- Wir erwarteten, ohne das genauer verifizieren zu können, dass die Schnittstelle zwischen dem ERP-System R/3 und dem SCM-Tool APO bei SAP eine Standardschnittstelle sein würde. Wir wussten aus dem eigenen Haus, dass diese Schnittstelle bei i2 eine spezielle Programmierung, mit allen Risiken, die derartige Schnittstellen mit sich bringen, sein würde (Abbildung 6.8).

Punkt	Faktor	APO		i2
		V 2.0	V 3.0	
System Eigenschaften	20			
Hersteller / Schnittstelle	30			
Funktionalität Demand Planning	15			
Funktionalität ATP/CTP	10			
Funktionalität Produktionsplanung und -steuerung	25			
Total	100			

Abbildung 6.8: Übersichtsblatt APS Auswahlkriterien und –gewichte

6.6.2 Eingesetzte Module, Methoden und Funktionen in den Modulen

Wir setzen in der Flexible Packaging alle Module, das Demand Planning, das Supply Network Planning und das Production Planning / Detailed Scheduling ein.

Demand Planning (DP)

Im Demand Planning kommen verschiedene Verfahren zum Einsatz. Einerseits die automatische Prognose, je nach Produkt(familie) auch mit Saisonalität, die als Normalfall angesehen werden kann. In einigen speziellen Fällen müssen die Ergebnisse im DP noch manuell nachbearbeitet werden. Das liegt darin begründet, dass unsere Produkte in sehr unterschiedlich reagierenden Märkten zum Einsatz kommen. Im „fernen" Bereich, in 3 bis 12 Monaten in der Zukunft, werden Aufträge in „Monatsbuckets" als Zeiteinheit geplant. Dies ist bislang für uns hinreichend genau. Im „näheren" Bereich, 4 Wochen bis maximal 3 Monate in der Zukunft, kommen unterschiedliche „Zeitbuckets" zum Einsatz. Teilweise genügt es, den Monatsbedarf auf die Kalenderwochen des Monats umzurechnen, teilweise erwarten unsere Kunden von uns eine Belieferung alle zwei Wochen, so dass der prognostizierte Monatsbedarf entsprechend angepasst verteilt werden muss, teilweise kommen noch andere Abrufreihenfolgen aus den jeweiligen Kontrakten mit dem Kunden zum Einsatz. Alle diese Unterschiede müssen hier berücksichtigt werden.

Supply Network Planning (SNP)

Im Supply Network Planning kommen Alerts zum Einsatz. Ziel ist das Management-by-Exception. Dazu kommen als wesentliche Funktionalitäten die Kapazitätsauswertungen und Darstellungen, meist aggregiert über Produktgruppen.

Production Planning / Detailed Scheduling (PP/DS)

Im PP/DS wird in allen Fabriken täglich eine Änderungsplanung vorgenommen. Die Wahl der Strategie ist noch nicht stabil, deshalb kommen in unterschiedlichen Werken unterschiedliche Strategien zum Einsatz. Es sind:

- finite Planung, Lücke suchen, rückwärts mit Umkehr und einem Offset,
- finite Planung, Lücke suchen rückwärts, Priorität A mit einem
  Offset, danach finite Planung, Lücke suchen, rückwärts,

Priorität A & B mit einem Offset, danach finite Planung, Lücke suchen, vorwärts, Priorität A & B mit einem Offset und

- infinite Planung, rückwärts mit Umkehr und einem Offset. Hier wird die finite Einplanung derzeit manuell in der elektronischen Plantafel vorgenommen

Zusätzlich wird am Wochenende eine Neuplanung durchgeführt. Die eingesetzten Strategien entsprechen den oben aufgeführten. Dazu kommt, dass in einer Fabik unterschieden wird, ob es sich um Planaufträge aus dem Demand Planning handelt, oder um „echte" Kundenaufträge, möglicherweise verrechnet gegen Planaufträge des DP. Planaufträge werden infinit auf die Kapazitäten gelegt, da der Kapazitätsabgleich im Vorfeld im SNP stattgefunden hat. „Echte" Kundenaufträge werden finite über die Heuristik MRP-Planung eingeplant. Hierbei werden alle Materialien, außer Planmaterialien, geplant. Planmaterialien werden im DP und im SNP geplant.

Unterscheidung Kundenaufträge und Prognosebedarfe in der Produktionsplanung

Die elektronische Plantafel ist bei allen Landesgesellschaften im produktiven Einsatz.

6.6.3 Mengengerüst

Hier folgt nun zur besseren Übersicht ein kleiner Ausschnitt aus unserem Mengengerüst zur Auslegung des Systems:

- Anzahl Produkte im System vorhanden: 70000
- Anzahl Bestand im Fertigwarenlager: 30000
- Anzahl der Kundenaufträge, verwendet im Planungslauf: 25000
- Anzahl der Planaufträge aus der Absatzplanung im System vorhanden: 10000
- Anzahl der Plan- und Fertigungsaufträgen mit PPMs im System vorhanden: 50000
- Anzahl der Komponenten pro Fertigungsauftrag: 20
- Anzahl der Arbeitsgänge pro Fertigungsauftrag: 5

6.7 Sonstige IT-technische Aspekte im Projekt

6.7.1 Systemlandschaft

Die VAW aluminium AG hat im Rahmen des Gesamtprojektes die Systemlandschaft gestrafft und als das ERP-System das R/3 der SAP eingesetzt. Ein Segment der VAW verwendet die sogenannte „Mill Solution" der SAP. Dadurch ergab sich im Verlauf des Projektes eine weitere Komplexität, da diese Variante bei allen Tests und Upgrades der Systeme berücksichtigt werden musste. Speziell dafür musste sogar ein separates Testsystem geschaffen werden.

R/3 und Mill Solution

6.7.2 Integration in das ERP-System und in andere Systeme

Schnittstellen R/3 - APO

Die Integration mit dem R/3 der SAP geschieht über die Standardschnittstelle, das sogenannte CIF Interface. Dieses Interface musste allerdings in User-Exits um Spezifika bezüglich der von uns definierten Datenstrukturen im APO ergänzt werden. Zu beachten ist, dass auch dieses Standardinterface von Spezialisten betreut werden muss, da zum Beispiel Fehler in den Daten die Übertragung stoppen. Diese Fehler müssen analysiert und im Normalfall an die betroffene Fachabteilung zur Korrektur weitergeleitet werden. Danach muss die Datenübertragung fortgesetzt werden. Als Konsequenz aus diesem einen Fehler sind alle weiteren Übertragungselemente in der Queue „hängen geblieben".

BDE-System

Die anderen wichtigen Systeme im Zusammenhang mit dem APO sind unsere BDE-Systeme. In unserem Fall treffen wir in jedem Werk ein anderes BDE-System an. Allerdings sind die BDE-Systeme tatsächlich mit dem R/3 verbunden. Das liegt daran, dass die Produktionspläne, nachdem sie im APO mit Hilfe der grafischen Plantafel erstellt worden sind, zurück an das R/3 übertragen werden. Dort werden auch zum Beispiel die Arbeitspapiere ausgedruckt. Eine direkte physikalische Schnittstelle mit dem APO, als „ausgelagertes" Planungstool, existiert bei uns nur mit dem R/3 der SAP.

Darüber hinaus gibt es sowohl ein Personalwirtschaftsmodul pro Landesgesellschaft, als auch verschiedene Zeiterfassungssysteme. Aber auch diese Systeme sind letztlich mit dem R/3 verbunden und beeinflussen den APO nicht.

6.7.3 Datenbasis

APO mit separater Datenbank und LiveCache

Die zentrale Datenbasis ist bei uns das R/3. Allerdings verwendet der APO eine separate Datenbank auf einem separaten Rechner und zusätzlich auf einem weiteren Rechner den sogenannten LiveCache. Dies muss bei allen Integritätsfragen bezüglich der Datenbanken beachtet werden.

6.7.4 Migrationsstrategie

BigBang pro Werk und Landesgesellschaft

Wir haben die Migration von existierenden Legacy Systemen hin zu R/3 und APO als BigBang pro Werk bzw. pro Landesgesellschaft vielen Einzelschritten und damit verbundener Mehrprogrammierung und -komplexität durch Schnittstellen mit und in Altsysteme vorgezogen. Aus unserer Sicht ist bei sorgfältigen vorbereitenden Tests hiergegen nichts einzuwenden.

6.8 Organisatorische Aspekte des Projektes

6.8.1 Aufbauorganisatorische Anpassungen

Im Rahmen des Gesamtprojektes wurde, insbesondere im Hinblick auf die Veränderungen im SCM, die Aufbauorganisation des Segmentes auf den Prüfstand gestellt. Als wesentliche Veränderung ergab sich, bedingt durch die Fokussierung auf den Markt und die Trennung der internen Organisation von Kundenstrukturen, dass sogenannte Customer Service Center eingerichtet wurden. Sie sind Teil des Vertriebes, werksübergreifend organisiert und nach Märkten ausgerichtet. Der jeweilige Leiter, der Demand Manager, berichtet an den Leiter der Business Unit.

Demand und Supply Chain Manager

Das Gegenstück zum Demand Manager auf Fabrikseite ist der Supply Chain Manager. Er verantwortet, jeweils in einer Fabrik, die Rohstoffbeistellungen, den Materialfluss durch die Fabrik, und damit die Bestände an Rohstoffen und WIP (Work in Process), die Produktionsplanung und den Versand.

Neuorganisation des Einkaufs

Da unsere Produktkosten zu großen Teilen durch die Materialkosten bestimmt sind, wurde auch der Einkauf neu organisiert. Es wurde das Lead Buyer Prinzip weiter ausgebaut, also eine weltweite Verantwortung eines Einkäufers für bestimmte Produktgruppen. Die Lead Buyer unterstehen jeweils einer Business Unit, verhandeln aber mit Lieferanten im Namen aller Business Units. Die Aufgabe der Lead Buyer ist es, Rahmenverträge abzuschließen, so dass aus der Supply Chain heraus die Abrufe zu bereits verhandelten Konditionen getätigt werden können. Im Falle von komplexen Reklamationen kann der Lead Buyer wieder eingeschaltet werden. Die Alltagsarbeit soll allerdings von der Mannschaft des Supply Chain Managers durchgeführt werden, so dass der Lead Buyer sich im wesentlichen auf den strategischen Einkauf konzentrieren kann.

6.8.2 Ablauforganisatorische Anpassungen

Innerhalb des neuen SCM wurden im Detail eine Reihe von ablauforganisatorischen Änderungen erforderlich. Dies war je nach Ausgangslage der jeweiligen Landesgesellschaft unterschiedlich. Am deutlichsten kann man sich das im Bereich Einkauf, lokaler Einkauf und Abrufe der Rohstoffe in das Supply Chain Management verlagert, vorstellen. Deutliche Veränderungen gab es auch in dem Bereich, in dem Stücklisten und Arbeitspläne erstellt werden. Auch diese Funktionalität wurde in das SCM verlagert. Die benötigten Vorgaben kommen aus der Prozessentwicklung, einer der Produktion unterstellten Abteilung. Daneben wurde ein Bereich Produktentwicklung geschaffen, der wiederum dem Markt, der Business Unit unterstellt ist. Die Produktentwickler können als der technische Außendienst angesehen werden. Die Mitarbeiter im SCM wurden in eine räumliche Nähe gesetzt, so dass direkte Kontakte gewährleistet sind. Ähnlich wurde im Vertrieb verfahren. Das Demand Management, der Customer Care Bereich, wurde räumlich zusammengefasst, so dass immer ein Ansprech-

Verlagerung von Funktionen in das Supply Chain Management

Räumliche Zusammenfassung der Mitarbeiter im SCM und Demand Management

partner für die Kunden erreichbar ist. Alle diese Maßnahmen zusammen gesehen haben eine deutlich spürbare Veränderung auch der Abläufe im Unternehmen mit sich gebracht.

6.8.3 Optimierung der Geschäftsprozesse

Neuanordnung der Geschäftsprozesse

Ich denke, aus den vorangegangenen Erläuterungen ist hinreichend deutlich geworden, wie die Geschäftsprozesse in ihrer Gesamtheit, angefangen von der Angebotsphase, bis hin zur Nachbetreuung der Kunden, neu geordnet wurden (Abbildung 6.9).

Themen im Vertriebs- und Planungsprozeß

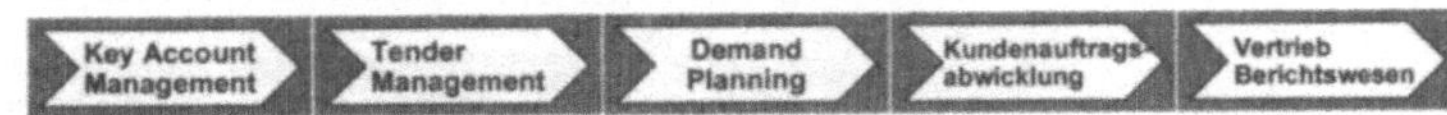

Abbildung 6.9: Grobe Prozessdarstellung

6.8.4 Change Management im Projekt

Das Change Management war einer der Schlüsselfaktoren zum Erfolg. Es wurden alle Mitarbeiter, soweit sie auch nur mittelbar Betroffene sein könnten, regelmäßig informiert.

Change Management als Schlüsselfaktor zum Erfolg

- Es gab alle 2 Wochen eine e-Mail, in der der Stand des Projektes und mögliche Veränderungen, ausgelöst durch das Projekt, beschrieben wurden.
- Es gab in regelmäßigen Abständen Informationen mittels einer speziell für dieses Projekt geschaffenen „Zeitung".
- Es gab mehrfach sogenannte Informationsmessen. Dabei wurden alle Mitarbeiter eines Standortes über den aktuellen Stand des Projektes und die neuen Strukturen, die sich ergeben werden, zuerst durch Vorträge an alle (frontal), danach in Kleingruppen von am Projekt beteiligten Kollegen an sogenannten „Infoständen" persönlich und individuell informiert. Dabei konnte ausgiebig im kleinen Kreis diskutiert werden, insbesondere welche Verbesserungen insgesamt durch das Projekt erwartet werden. Wichtig war, dass das Projekt nicht als Rationalisierungsprojekt aufgesetzt worden war. Dies ersparte allen Beteiligten die schwierigen Diskussionen um individuelle Arbeitsplatzsicherheit.

6.8.5 Mitarbeiterqualifikation

Mitarbeiterqualifikation als Schlüsselfaktor zum Erfolg

Die Beachtung der Mitarbeiterqualifikation ist ebenfalls einer der Schlüssel zum Erfolg. Allein die Tatsache, dass die Mitarbeiter spüren, dass sie an die sich deutlich verändernden Anforderungen an sie und ihren Arbeitsplatz herangeführt werden, macht sie weniger besorgt um ihre Zukunft, weniger ablehnend den Veränderungen gegenüber. Wir haben im Projekt für alle neuen Rollen ganz klassisch Sollprofile erstellt und danach die Mitarbeiter mit der Personalabteilung zusammen auf die jeweils am besten geeignete Stelle vorbereitet (Abbildung 6.10).

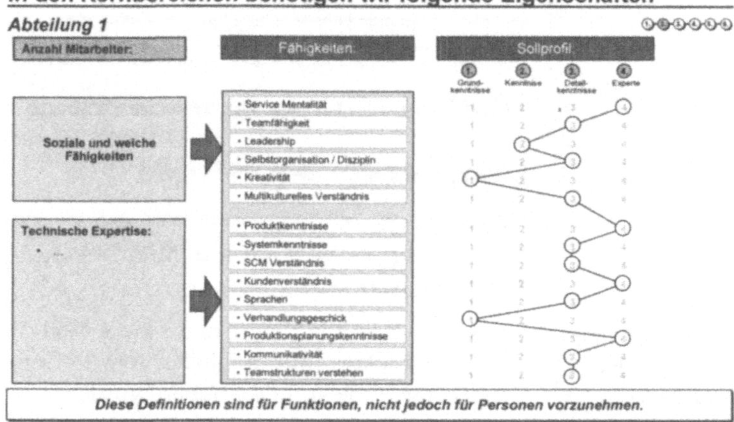

Abbildung 6.10: Beispiel eines Qualifikationsprofiles

6.9 Erste Erfahrungen im laufenden Betrieb

6.9.1 Erfolgsfaktoren bei Einführung und Anwendung des SAP APO

Erfolgsfaktor „Mensch“

Als Überschrift zu diesem gesamten Thema müsste eigentlich immer „der Mensch“ erwähnt werden. Die Erfolgsfaktoren drehen sich nach den bei uns gemachten Erfahrungen immer um den Menschen.

- Es sollten von Anfang an die „richtigen“ Menschen in die Konzeption mit einbezogen sein. Das Projekt sollte einerseits vom Top-Management gewünscht und spürbar getragen werden, andererseits sollten die betroffenen Mitarbeiter, die Fachleute vor Ort, frühzeitig mit einbezogen werden. Andernfalls könnten Akzeptanzprobleme und teure Überarbeitungs- und Stabilisierungsphasen nach dem ersten Go-Live drohen.

- Es kann sinnvoll sein, ausgiebig zu testen und dabei den Hersteller der noch recht neuen Software mit einzubeziehen. SAP selbst empfiehlt als Best Practice sogenannte Massentests. Diese Massentests dienen einerseits dazu, Sicherheit auch in der Dimensionierung der Hardware der Systeme zu erhalten, andererseits die Mitarbeiter zu „trainieren", wirklich vollständig systemgestützt zu arbeiten und die Planungsergebnisse der „Heuristiken", die nicht immer einfach erklärbar sind, zu akzeptieren.
- Es sollte nach dem Go-Live eine längere Phase der Stabilisierung in der Anwendung des APO eingeplant werden, da andernfalls sich die Erfolge nur teilweise einstellen könnten, wenn sich nach und nach das Arbeiten mit dem neuen Tool erst einmal und vordergründig als mühsam und gewöhnungsbedürftig herausstellt.
- Wie man den oben gemachten Ausführungen entnehmen kann, ist es wichtig, genügend Zeit einzuplanen, nach dem Go-Live die Mitarbeiter weiter zu unterstützen und darauf zu achten, dass das Tool, wie vorgesehen, verwendet wird.

Nach der Pilotierung des Systemes mussten wir mit Hilfe einer Task Force, die auch Mitarbeiter der SAP aus Walldorf umfasste, schwerpunktmäßig den Einsatz des Modules PP/DS absichern. Insbesondere die Ergebnisse der finiten Planungsläufe mit unterschiedlichen Heuristiken mussten immer wieder mit den betroffenen Produktionsplanern diskutiert werden.

6.9.2 Akzeptanz des APO-Systems

Die Akzeptanz scheint von im wesentlichen zwei Dingen abhängig zu sein.

Zwei wesentliche Faktoren für die Akzeptanz

- Zum einen sollten die Betroffenen sehr frühzeitig „ihren" zukünftigen Arbeitsplatz, Layout, etc. mit beratschlagen dürfen.

- Andererseits sollte in ausgiebigen Tests sichergestellt sein, dass die benötigte Funktionalität auch tatsächlich, wie geplant und gefordert, im Produktionsalltag zur Verfügung stehen wird.

Da unsere Pilotimplementation nach Go-Live mit vielen Bugs zu kämpfen hatte, bedurfte es eines langen Atems, die Mitarbeiter nach und nach wieder an den Gebrauch des Tools heranzuführen.

Gemäß Systemkonzept gibt es einen Datenbankrechner im ERP-System, bei uns R/3, einen Datenbankrechner und einen LiveCach-Rechner im APO, die im Produktivbetrieb mit all seinen Unwägbarkeiten tatsächlich synchron gehalten werden müssen. SAP stellt eine Reihe von Abgleichreports zur Verfügung, so dass Abweichungen frühzeitig erkannt werden können. Hierfür muss Personal geschult und vorgehalten werden.

Das Tool selbst, wenn die Anwender die Möglichkeiten und den Nutzen erkennen, wird schnell angenommen. Es stellt allerdings für die Mitarbeiter einen großen Sprung dar.

6.9.3 Realisierter Nutzen

Den Nutzen erwarten wir aus dem Demand Planning und aus der Terminfindung für Plan- und Fertigungsaufträge. Dazu muss in unserem Fall allerdings der APO wirklich flächendeckend eingeführt sein. Wir erkennen derzeit den Nutzen insbesondere für den strategischen Einkauf, der bereits auf eine Vorschau zurückgreifen kann. Die Terminfindung, über ATP und CTP, scheint ebenfalls das erwartete Potential zu bieten.

6.9.4 Weitere Nutzenpotenziale

Alert-Monitor

Der Alert-Monitor, mit dessen Hilfe ein „Management-by-Exception“ eingeführt werden sollte, bedarf noch weiterer intensiver Diskussionen. Das große Problem liegt in der für eine automatisierte Bearbeitung benötigten Detaillierung aller Definitionen, welcher Alert welchem Mitarbeiter unter welchen äusseren Umständen mit hoher Priorität angezeigt werden sollte.

Nutzung des Optimierers für die Reduzierung der Rüstzeiten

Mit Hilfe des Optimizers wollen wir die Rüstzeiten, die bei uns teilweise eine herausragende Rolle spielen, optimieren. Die dazu benötigten Übergangsmatritzen, mit allen Eventualitäten, die berücksichtigt werden müssen, sind noch nicht endgültig definiert. Dazu kommt, dass wir aus benachbarten Projekten heraus hören, dass auch der Optimizer ausführlich getestet werden muss, damit die Anwender, die Fachleute, die gelieferten Ergebnisse, die kaum noch nachvollziehbar sind, als optimale Lösung akzeptieren können.

SMI/VMI

Je weiter der APO ausgerollt wird, und je stärker er dann genutzt wird, desto mehr Nutzenpotenziale werden sich ergeben. Zum Beispiel lassen sich für die Logistik sehr einfach detaillierte Reports im APO erstellen, da ihm die Business Warehouse (BW) Struktur zugrunde liegt. Weitere „Advanced Functions“, wie zum Beispiel SMI/VMI lassen sich bei Bedarf auf Kundenwunsch leicht implementieren, da sie in der Funktionalität des APO bereits enthalten sind.

6.9.5 Was haben wir im Projektverlauf und danach gelernt?

Zerlegung der Funktionalität in einzelne überschaubare Schritte

Die meisten wesentlichen Punkte habe ich im Verlauf der Beschreibung des Projektes erwähnt. Zusammenfassend möchte ich noch einmal festhalten, dass ein langer Atem hilfreich ist. Der APO ist nicht irgendein Tool, das eingeführt wird und auf Knopfdruck funktioniert. Es war bei uns der Eintritt in eine neue Welt, mit allen Konsequenzen für die betroffenen Mitarbeiter. Die Zerlegung der gesamten Funktionalität in einzelne, überschaubare Schritte stellt in jedem Fall eine Vereinfachung dar und sollte gut überlegt werden. Es erscheint wichtig, die Mitarbeiter nicht zu überfordern, sondern schrittweise an dieses neue Tool heranzuführen. Dies betrifft nicht nur die einzelnen Module des APO, sondern auch die Teilfunktionalitäten, wie zum Beispiel ATP / CTP.

6.10 Ausblick

6.10.1 Weitere Roll-Out

Mittlerweile sind die ersten Roll-Outs in zwei weitere Landesgesellschaften erfolgreich abgeschlossen worden. Weitere Roll-Outs wurden immer diskutiert, sind aber noch nicht beschlossen. Wir sollten jetzt erst einmal die eingeführten Systeme stabilisieren und in einen wirklichen Alltagsbetrieb überführen. Die Mitarbeiter, die bisher mit dem neuen Tool arbeiten, haben noch einen weiten Weg vor sich, um den Umgang mit dem Tool zu perfektionieren und die Möglichkeiten, die das Tools bietet, auszuschöpfen.

6.10.2 Weitere Optimierungsschritte

Reporting, Optimierer, SMI/VMI

Die weiteren Optimierungsschritte sind im vorangegangenen teilweise bereits erwähnt worden. Es sind weitere detaillierte Reports bezüglich der Logistik, es ist der Optimizer und es sind die unterschiedlichen Möglichkeiten der Verbindung mit unseren Kunden und Lieferanten. Dabei insbesondere die Themen SMI / VMI. Das bedarf allerdings intensiver Gespräche mit Kunden und Lieferanten, da auch diese Schritte wieder weiter in die Zukunft gehen und weitere, auch organisatorische und / oder vertragliche, Aspekte zu beachten sind. Als Schlagwort zur Beschreibung der Komplexität, die hierbei auf uns zukommen kann, sei der Begriff der „virtuellen" Unternehmen in den Raum gestellt, der von der Forschung hier gerne verwendet wird.

7 Optimierung der Supply Chain von Hydro Aluminium, Bereich Primary Materials

Dieter Högner,
Hydro Aluminium Deutschland GmbH

7.1 Zusammenfassung

In einem 3 Jahre dauernden 5-Phasen Projekt wurde neben SAP R/3 auch SAP APO 3.0 PP/DS in Gießereien der Aluminium Industrie eingeführt. Neben der reinen Implementierung und Modellierung der Software wurden organisatorische Veränderungen in einem komplexen Umfeld umgesetzt. Dabei sind auch Regeln für eine effiziente Zusammenarbeit entlang der konzerninternen Supply Chain herausgearbeitet worden. Die folgenden Ausführungen zeigen die Schwerpunkte auf und geben einen praxisorientierten Überblick über die Projekterfahrungen.

7.2 Das Unternehmen

In Deutschland stand der Name VAW aluminium AG für den Ursprung der Aluminium Industrie. Eine fast 85-jährige Geschichte, die sich im Schwerpunkt mit der Produktion von Aluminium aus dem Hüttenprozess und dem Sekundärkreislauf mit Recyclingmaterial als Grundlage für die Metallversorgung der Warmwalzwerke, Kaltwalzwerke und Veredelungswerke konzentriert. Daneben fokussierte die VAW aluminium AG, seit März 2002 in die Hydro Aluminium a.s, eine Division der NORSK HYDRO ASA, Oslo, aufgegangen, auf die Produktion von Komponenten für den Motorenbau in der Automobilindustrie. Mit einem Umsatz von 3,9 Mrd. € und fast 16.000 Mitarbeitern bewegte die VAW 2001 annähernd 1 Mio. Tonnen Aluminium. Bis die Produkte den externen Kunden erreichen, durchlaufen sie eine Reihe von Veredelungsstufen. Hier befindet sich das

3.9 Mrd. € Umsatz, 16.000 Mitarbeiter

Optimierungspotenzial für den Einsatz von Supply Chain Management (SCM) Programmen.

7.3 Die Produktionsumgebung

In den Gießereien der ehemaligen VAW aluminium AG im Business Segment Primary Materials (Hydro Aluminium) werden Barren hergestellt. Hier beginnt die lange interne Wertschöpfungskette des Konzerns. Dabei unterscheidet man zwei verschiedene Sorten – Walzbarren und Rundbarren.

Vielfältigkeit der Produkte in der Weiterverarbeitung

Walzbarren sind die Ausgangsprodukte für Flachprodukte, die in den nachgeschalteten Warm- und Kaltwalzwerken zu Bändern, Folien oder Blechen verarbeitet werden. Folien finden schwerpunktmäßig in der Verpackungsindustrie als Schalen und Deckel, Verbundverpackungen für Getränketüten sowie als Pharmaverpackung Verwendung. Bleche werden im wesentlichen in der Druckindustrie als Lithographiebleche verwendet. In der Bauindustrie finden sie bei der Herstellung von Sonnenschutz und Fassadenverkleidungen Verwendung. In jedem Automobil, ob als Kühlerblech oder Blech zur Rohrfertigung, die danach hydrogeformt in Fahrwerksbereich eingesetzt werden, finden sich die Produkte wieder. An Hand dieser Beispiele lässt sich die Vielfältigkeit der Produkte abschätzen, für die Walzbarren in der ersten Veredelungsstufe Verwendung finden.

Rundbarren bilden das Ausgangsprodukt für stranggepreßte Profile. Leicht preßbare Legierungen sind in der Fensterbautechnik ebenso zu finden wie z. B. in der Automobilindustrie als Zierleisten. Höherlegierte Varianten werden häufig im Schienenfahrzeugbau eingesetzt. Hochfeste Varianten findet man in Flugzeugen wieder, um nur einige wenige Anwendungsbeispiele zu nennen.

Als Walzbarren verlassen ca. 300.000 t/a die Gießerei, je Stück zwischen 12 und 30 Tonnen schwer. Bei den Rundbarren sind es ca. 70.000 t/a, mit einem mittleren Gewicht von 0,4 Tonnen. Die Gießereien produzieren im voll kontinuierlichen Betrieb, 365 Tage im Jahr, 24 Stunden am Tag.

Komplexe Routen innerhalb der Produktionsstätte

Beiden Bereichen ist eines gemeinsam – sie stehen am Anfang einer langen Veredelungskette mit sehr vielen Verarbeitungsstufen und sehr komplexen Routen innerhalb der Produktionsstätten. Als Gemeinsamkeit für beide Produktgruppen gilt das Ziel, eine hohe Kundenzufriedenheit sicherzustellen. Es spielt keine Rolle, ob es sich um einen internen oder externen Kunden handelt.

7.4 Die Ausgangslage bei der Planung

Qualität der Planung hängt im hohen Maß vom Wissen der Planer ab

Neben der manuellen, PC-gestützten Planung auf Basis eines Tabellenkalkulationsprogramms gibt es auch die Produktionsfeinplanung mit einem nach Regeln programmierten Expertensystem. In beiden Fällen hängt die Qualität der Planung im hohen Maße vom Wissen der Planer ab, das sie nach bestem Können im Rahmen von individuellen Planungsmodellen einsetzen. Je komplexer die Zusammenhänge werden, umso problematischer ist dieser Weg. Als Ergebnis wird eine Anlagenbelegung erwartet. Wenn mehrere Anlagen parallel betrieben werden und sich daraus Abhängigkeiten oder Engpaßsituationen ergeben, ist dieser Ansatz schnell an seiner Leistungsgrenze.

Mangelnde Aktualität der Datenbestände

Beim Expertensystem sind spezielle Modelle zur Darstellung der anlagentypischen Abhängigkeiten mit Regeln hinterlegt. Die Anlagenparameter bilden die Grundlage für die Modellierung. Die Fertigungsaufträge werden über Tabellen aus den Kundenaufträgen generiert. Ein Algorithmus optimiert die Anlagenbelegung nach festgelegten Kriterien. Die entscheidende Schwäche dieser Verknüpfung ist die mangelnde Aktualität der Datenbestände. Die Systeme arbeiten im Batchbetrieb und tauschen daher naturgemäß ihre Daten zeitversetzt aus. Da die Produktion zwischenzeitlich kontinuierlich weiterläuft, ergibt sich immer ein Unterschied zwischen den offenen Fertigungsaufträgen und den bereits zurückgemeldeten Fertigprodukten. In der Praxis müssen aufwendige Bestandsüberprüfungen nach jedem Planungslauf die Synchronisation zwischen dem

Produktionsbetrieb und den Datenbeständen sicherstellen. Fehlt diese Synchronisation führt es zu Doppelfertigungen, was wiederum zu einer Verschwendung von Kapazität und Kapital führt.

Abstimmung der Planer entlang der Supply Chain

Zusätzlich müssen sich alle Bedarfsplanungen in einem synchronen Zustand befinden. Es ist nicht sinnvoll, verschiedene Planungshorizonte der Kundenbedarfe mit den eigenen Planungsregeln zu koppeln. Damit muss für die operative Planung in den Betrieben möglichst ein stabiler Bereich definiert werden. Allerdings darf so ein eingefrorener Zustand nicht zu Lasten der Flexibilität gehen. Um diese Einflüsse herauszuarbeiten und die notwendige Synchronisation zu ermöglichen, müssen sich alle Planer entlang der Supply Chain abstimmen und nach definierten Regeln und Vorgaben verständigen. Es nutzt wenig, wenn sich in einer Produktionseinheit die Bedarfsplanung auf Maschinenstunden bezieht, während andere den Bedarf in Tonnen angeben.

7.5 Die Suche nach neuen Wegen

Strategisch haben sich die Gießereien der höchstmöglichen Kundenzufriedenheit verschrieben. Sie bildet die Grundlage für eine Neuausrichtung. Was braucht man nun, um diese Ausrichtung planungstechnisch umzusetzen?

Anforderungen an ein neues Planungssystem

- Alle Kundenbedarfe müssen in sinnvolle Fertigungsaufträge verwandelt werden.
- Alle Fertigungsaufträge sind in sinnvolle Reihenfolgen mit möglichst wenigen Rüstoperationen umzusetzen.
- Die Fertigmeldung der Produkte muss automatisch erfolgen, damit Abrufe durch den Kunden unmittelbar erfolgen können.
- Alle Instandhaltungsmaßnahmen müssen in der aktuellen Anlagenbelegung Berücksichtigung finden.
- Die Qualitätsbewertungen der produzierten Produkte müssen eindeutige Verwendungsentscheide enthalten.
- Die Produktion muss zu den niedrigsten möglichen Kosten erfolgen.

Integration der kaufmännischen und logistischen Funktionen

Aufgrund dieser fokussierten Anforderungen wurde die Integration in eine neue IT- Landschaft notwendig. Neben den kaufmännischen müssen auch alle logistischen Funktionalitäten integriert sein. Dazu gehört neben der Produktionsplanung, die Materialwirtschaft, das Qualitätsmanagement und die geplante Instandhaltung. Der Kreis ist erst geschlossen, wenn der Kunde seine Bestellung, wie von ihm spezifiziert, über Vertrieb und Versand in Realität geliefert bekommt.

Bei einem ERP (Enterprise-Ressource-Planning) - System wie SAP R/3 zeigt sich das in der Auswahl der Logistikmodule (Abbildung 7.1):

- SD (Sales and Distribution) für Versand und Vertrieb
- MM (Material Management) für Materialmanagement und Lagerung
- PP-PI (Produktion Planung – Prozess Industrie) für die Produktionsplanung, Stücklisten oder Rezeptur
- QM (Quality Management) für die Qualitätssicherung im fertigungsbegleitenden Prozess, der Wareneingangsprüfung aller prozessrelevanten Zukaufprodukte und der Prüfmittelüberwachung
- PM (Plant maintenance) für die Instandhaltung

Projektumfang

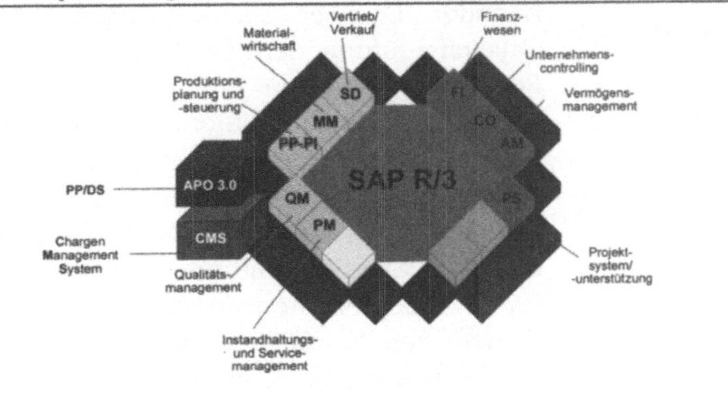

Abbildung 7.1: Projektumfang bei VAW aluminium AG Primary Materials

Zielwert für die Liefertreue nahe bei 100%

Geht man davon aus, dass die Kundenzufriedenheit nur ein Ziel haben kann, nämlich so gut zu sein, wie vom Kunden gefordert, dann muß der Zielwert für die Liefertreue (Delivery Performance) sehr nahe bei 100 % liegen. Unter dieser Randbedingung ergibt sich damit folgerichtig die Forderung nach beherrschten Prozessen. Fertigt ein Betrieb etwas, wofür er nicht optimal eingerichtet ist, dann wird die interne Ausschuß- oder die Nacharbeitsquote hoch sein. Zur Korrektur benötigt der produzierende Betrieb Produktionskapazitäten, die nach betriebswirtschaftlichen Gesichtspunkten nicht als stille Kapazitätsreserve vorhanden sein dürfen. Als Folge daraus muß die Produktion so sicher erfolgen, dass nur ein sehr geringes Fehlerrisiko zur Produktion besteht.

Zielwert für die geplante vorbeugende Instandhaltung >85%

Ähnlich sind die Betrachtungen bei der Instandhaltung. Eine Anlage ist nur dann verfügbar, wenn sie nicht defekt oder nicht belegt ist. Um die hohe Verfügbarkeit einer Anlage zu gewährleisten, sollte heute in der hochautomatisierten Prozessindustrie der Zielwert für geplante, vorbeugende Instandhaltung bei einem Anteil von > 85% liegen.

Integration ERP-, Prozessleit- und Qualitätsprüfsystem

Bedingt durch den hohen Automatisierungsgrad der Anlagen ergibt sich eine weitere Dimension der Integration. Leistungsfähige und tolerante Schnittstellen zwischen dem ERP-System und den meistens als Subsystem betriebenen Prozessleitsystemen zur Anlagensteuerung werden benötigt. Darüber hinaus müssen die Systeme aus der Qualitätsprüfung berücksichtigt werden. Hier gilt es den Regelkreis zwischen der Planung und der praktischen Umsetzung der Produktion zu schließen. Geplante Rezepturzugaben benötigen exakte Rückmeldedaten der eingesetzten Stoffe. Die gewogenen Einsatzmengen stammen aus den angeschlossenen Wiegesystemen und die Ergebnisse der Qualitätsprüfungen werden mit den angeschlossenen Analysenautomate ermittelt. Alle erfaßten Daten dienen der Beurteilung aller vom Kunden geforderten Qualitätsmerkmale. Erst wenn alle notwendigen Daten vorliegen, können im ERP-System die Verwendungsentscheide getroffen und dokumentiert werden.

7.6 Projektstufen

Die VAW aluminium AG hatte dem Projekt den Namen Pro21! gegeben. Es wurde 1999 gestartet und wies mit der „21“ auf die Herausforderungen des bevorstehenden neuen Jahrhunderts. Das „Pro“ stand für die Zielsetzung „Prozesse, Profit und Profil des Unternehmens“ zu verbessern.

5-Phasen-Modell

Das Projekt bestand aus einem 5-Phasen-Modell und wurde wie geplant termingerecht abgeschlossen (Abbildung 7.2):

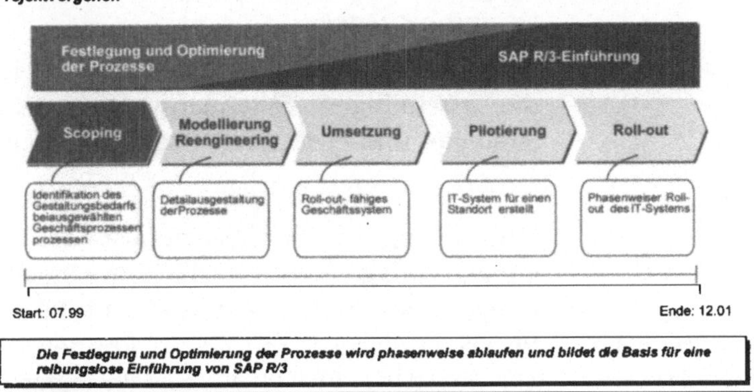

Abbildung 7.2: Vorgehen in der Umsetzungsphase für alle Teilprojekte

Scoping: In der Scoping Phase wurden wesentliche Optimierungspotenziale durch kollaborierende Planungen der produzierenden Betriebe erkannt. In dieser Phase bestand das Projektteam aus Kernteammitgliedern der im Projektfokus befindlichen Standorte sowie Strategieberatern. Die Phase dauerte 4 Monate.

Modellierungs- und Reengineering: In dieser Phase wurden die Prozesse in Business Blueprints standardisiert und dokumentiert. Hier kristallisierten sich verschiedene Schwerpunkte der Verbesserung heraus:

Schwerpunkte der Verbesserungen

- Organisatorische Veränderungen zur besseren Kommunikation, Messung und Optimierung der Internen Supply Chain
- Optimierung der Anlagenbelegungen in den Gießereien durch Reihenfolgeplanungen, Vermeidung von Rüstvorgängen, Vermeidung von Legierungswechsel
- Optimierung der Chargenfertigung

Jedes Schwerpunktthema wurde individuell auf Lösungsansätze untersucht. Im Bereich der Optimierung der Anlagenbelegung wurde ein typisches Szenario beschrieben. Programmanbieter haben auf dieser Grundlage mit ihrem Programm einen Prototypen aufgebaut. Ein Anforderungs- und Kriterienkatalog wurde vergleichend abgearbeitet und bewertet.

Eingebunden waren in dem Team die Kernteammitglieder, die zukünftigen Systemanwender (Key-User) und die Strategie- und IT-Berater. Die Phase dauerte 4 Monate.

Umsetzung: In der Umsetzungsphase wurde eine Roll-out fähige Vorlage für Geschäftsprozesse erarbeitet. Um die Integration vom SAP R/3 Modul PP-PI mit dem APO Modul PP/DS erfolgreich nutzen zu können, wurde die Version 3.0 des APO PP/DS Moduls in einer Vorversion (First Customer Shipment-FCS), zur Bearbeitung der Prozessvorlage, verwendet.

Einführung APO PP/DS 3.0

Das Team setze sich aus den Kernteammitgliedern, den zukünftigen Key-Usern aus den Standorten sowie IT Beratern zusammen. Die Phase dauerte 6 Monate.

Pilotierung: In der Pilotierungsphase wurden die Anpassungen und werksspezifischen Einstellungen und die Detaillierung der Modelle erarbeitet, modulbezogen und integriert getestet. Parallel wurden Schulungsunterlagen zu den Prozessen und Transaktionen erarbeitet und bei den weiterführenden Anwenderschulungen genutzt.

In dieser Phase haben die Kernteammitglieder, Key-User, Anwender aus den Standorten sowie IT-Berater zusammengearbeitet. Die Dauer betrug sechs Monate.

Roll Out: In der Rollout-Phase erfolgten parallele Implementierungen. Die wesentliche Aufgabe bestand darin, die standortspezifischen Subsysteme anzuschließen und die spezifischen Besonderheiten anzupassen.

In der Phase haben die Kernteammitglieder und die Key-User, die zukünftigen Anwender aus den Standorten, mit IT-Beratern zusammengearbeitet. Die Phase dauerte sechs Monate.

7.7 Optimieren mit dem richtigen Ziel

Offene Kommunikation zwischen Beschaffungspartnern

Voraussetzung für eine gut funktionierende Kunden-Lieferantenbeziehung ist ein reger Austausch von Informationen. Schaffen alle Beteiligten es auch noch, Geschäftsregeln zu definieren, ist ein weiterer wichtiger Schritt hin zur Optimierung geschafft. Dazu müssen die Geschäftspartner sehr offen kommunizieren. Das Wissen über die Stärken und Schwächen eines Produktionsbetriebes muß ebenso vorliegen, wie die Kapazitätsgrenzen und technischen und logistischen Restriktionen. Da kann schon die Größe eines Pufferlagers eine bedeutende Information darstellen oder die Versorgung eines Werkes mit Rohmaterialien über eine Wasserstraße zu Problemen führen, wenn Hoch- oder Niedrigwasser den Materialstrom behindert.

Planungsrunden

Als sehr effektiv haben sich dafür Planungsrunden erwiesen, bei denen alle nur erdenklichen Aspekte offen angesprochen wurden. Mit zunehmendem Wissen über die Restriktionen der Werke innerhalb der Supply Chain leiten sich erweiterte Erkenntnisse über die Freiräume ab, in denen sich die Planer bewegen können (Abbildung 7.3). Es hat sich gezeigt, dass eine frühe Erkenntnis zu einer effektiveren Reaktion führt. Diese beschriebenen weichen Faktoren dienen dem Ziel, die verfügbaren Kapazitäten in den Werken maximal zu nutzen. Wie danach die optimierte Feinplanung erfolgt, ist Aufgabe des Optimierers in SAP APO PP/DS.

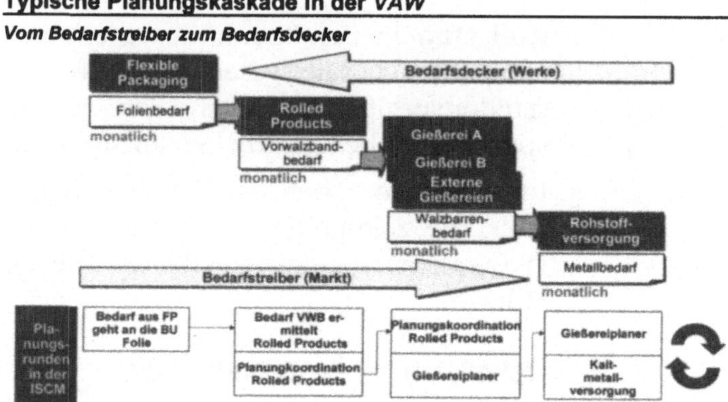

Abbildung 7.3: Typische Planungskaskade

7.8 Die Regeln der Planung

Jahres- und Wochenplanung

Alle Planungen basieren auf einer Jahresplanung, die auf Monate heruntergebrochen wird. Die Wochenplanung stellt einen eingefrorenen Planungszustand dar. Den Inhalt der Wochenplanung verarbeiten die Gießereien zu einem optimierten Fertigungsprogramm. Dabei steht, wie bereits erwähnt, die Kundenzufriedenheit im Mittelpunkt aller Zielsetzungen.

In den Gießereien sehen wir den ersten Wertschöpfungsschritt einer sehr langen internen Supply Chain. Lieferdefizite strahlen in alle nachgeschalteten Bereiche.

Kurze Durchlaufzeiten und hohe Liefertreue

Von Stufe zu Stufe werden nur dann die Effekte der schnellen Durchlaufzeiten und hohe Liefertreue (Delivery Performance) beibehalten, wenn die jeweiligen Werke sich den gleichen hohen Zielsetzungen verpflichten und die nötigen Maßnahmen auch umsetzen. Mit wachsendem Grad der Komplexität in der Fertigung sinkt diese Kenngröße (KPI= Key Performance Indicator). Am Anfang einer Supply Chain müssen die erreichten Werte sehr hoch sein (Abbildung 7.4). In den nachfolgenden Stufen kann dieser

Wert bestenfalls gehalten werden. Eine Steigerung ist unmöglich.

Die Liefertreue (Delivery Peformance) hat den höchsten Stellenwert aller Kenngrößen (Key- Performance-Indicator)

Delivery Performance zur Wertschöpfungskette

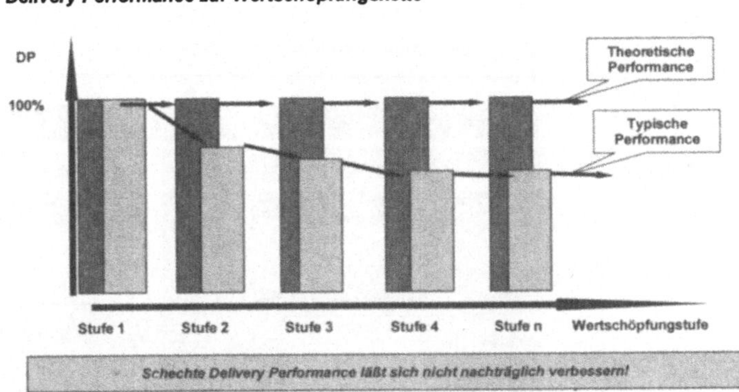

Abbildung 7.4: Kenngrößen

Verfügbarkeit der Anlagen

Ein weiterer wesentlicher Aspekt findet sich in der Verfügbarkeit der Anlagen und in der Sicherung der Qualität. Damit ergibt sich zwangsläufig aus praktischer Sicht die Forderung nach geplanter, vorbeugender Instandhaltung an allen Anlagen, die zur Erreichung der Leistung benötigt werden. Nur wenn die Gesamtanlageneffizienz sehr hoch ist, kann die geforderte Leistung sicher erbracht werden.

Kontinuierliche Verbesserung

Analoges gilt auch für die Qualitätssicherung. Sowohl die Reklamationsquote aus dem Markt als auch die interne Reklamationsquote müssen sich auf sehr niedrigem Niveau bewegen, um kapazitäts- und kapitalraubende Wiederholungsfertigungen auszuschließen. Ein nützliches Werkzeug ist auch hier wieder einmal die kontinuierliche Verbesserung. Alle diese Aktivitäten münden in die Philosophie, nur das zu produzieren, was auch wirklich beherrscht wird. Neue Produkte müssen mit einer sehr steilen Lernkurve zügig in beherrschte Produktion überführt werden.

7.9 Integriertes Supply Chain Management und Kollaboration

Der Weg vom Barren zum Fertigprodukt ist lang. Bis der Joghurtdeckel fertig bedruckt zum Verbraucher gelangt und eine Fakturierung des gelieferten Produkts erfolgen kann, durchläuft das Produkt eine mehrstufige Produktion:

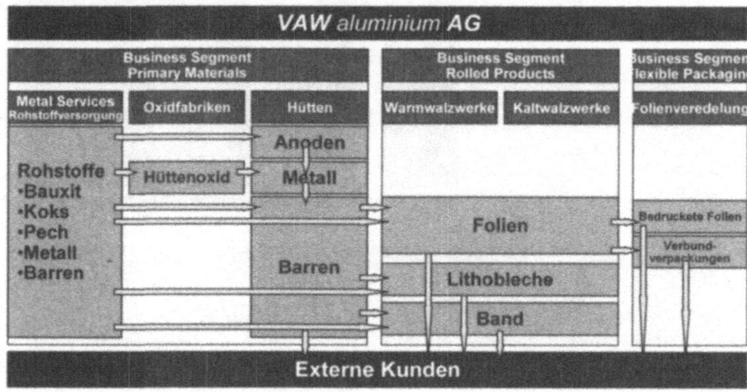

Abbildung 7.5: Fertigungstiefe

Konzern-integrierte Supply Chain

Am Beispiel der Walzbarren wird dieses deutlich. Hierbei handelt es sich um eine im Konzern integrierte Supply Chain, die sich nur auf die reine Herstellung der Aluminiumprodukte bezieht. Alle notwendigen weiteren Produkte, die als produkt- und qualitätsrelevant einzustufen sind, wurden in dieser Betrachtung nicht berücksichtigt. In der Praxis müssen diese selbstverständlich auch beachtet werden.

Aus Sicht der Kunden wird folgender Fertigungsprozess durch die Kundenbestellung angestoßen:

- Vom Kunden werden bedruckte Folien für Joghurtverpackungen bestellt.
- Die unbedruckten Folien werden in der mehrstufigen Folienfertigung der Kaltwalzwerke benötigt.
- Zur Folienfertigung werden Vorwalzbänder aus dem Warmwalzwerk benötigt.

- Das Ausgangsprodukt der Vorwalzbänder ist der Walzbarren.
- Der Walzbarren wird aus Heissmetall der Elektrolyse produziert.
- Die Basis für das Heissmetall ist Aluminiumoxid aus den Oxidfabriken.
- Aluminiumoxid wird aus Bauxit, dem im Tagebau gewonnen Erz, produziert.

Wo liegt nun das Optimum? Hier ist es notwendig, den Blick auf das Gesamtoptimum der internen Supply Chain in den Mittelpunkt zu stellen. Typisch sind eigennützige Optimierungssichten der einzelnen Organisationen. Dagegen stellt sich die Abhängigkeit innerhalb dieser Lieferkette. Kernpunkt der Optimierung muß der Blick für das Gesamte sein. Auch wenn die Verantwortlichkeiten innerhalb des Konzerns in kleine Einheiten verteilt organisiert worden sind, ergeben sich effiziente Möglichkeiten zur Lösung. An allen Planungsschnittstellen sind Planer installiert, die als Kommunikationsknoten (Single Point of Contacts, SPOC) arbeiten. Alle wesentlichen Informationen laufen über diese Stellen. Hier werden auch die Leistungskennzahlen analysiert und Maßnahmen abgestimmt, also operativ gesteuert.

Single Point of Contacts an den Planungsschnittstellen

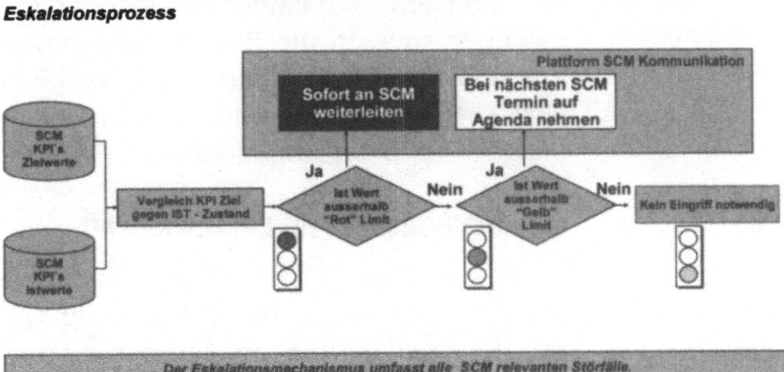

Abbildung 7.6: Zielgerichtete Kommunikation

Klare Regeln für den Umgang mit Kennzahlen

Störungen müssen hier ebenfalls gesteuert werden. Dazu dienen klare Regeln, die in Bezug auf Kennzahlen abgestimmt sind. Folgen die Werte den vorgegebenen Zielen, ist alles in Ordnung. Gibt es bei den Kennzahlen Veränderungen, die sich zwar im Rahmen der Vorgaben befinden, aber einen Trend zum Schlechten zeigen, werden in der regelmäßigen Planungsrunde Analysen betrachtet und Maßnahmen eingeleitet. Bei Veränderungen mit heftigen Änderungen müssen umgehende Kontaktaufnahmen zu sofortigen Maßnahmen führen (Abbildung 7.6).

Unabgestimmtes Planen der Organisationseinheiten führt zu Suboptima

Sehen wir uns die Planungskaskade zwischen den Business Segmenten nun genauer an. Wenn jede Organisationseinheit selbständig aus seiner persönlichen Sicht plant, stehen nicht selten Egoismen im Mittelpunkt, die dem Ganzen Schaden zufügen. So plant z.B. eine Business Unit in der Jahresplanung höhere Kapazitäten ein, als sie operativ zu leisten in der Lage ist. Das führt in der Konsequenz zu einer erhöhten Mengenreservierung beim Vorlieferanten. Kommt dieser Lieferant aus dem eigenen Konzern, führt das zum kollektiven Schaden. Denn der Lieferbetrieb hält Planmengen bereit, die in der Praxis gar nicht abgerufen werden. Vorhandene Kapazität wird nicht genutzt. Kapital wird vernichtet. Bedarfe anderer Business Units müssen aus anderen, nicht selten teureren, Quellen bedient werden.

Verknüpfung der Planungen hinsichtlich Konsistenz notwendig

Das Beispiel verdeutlicht die notwendige Verknüpfung der im Konzern vorhandenen Planungen auf Konsistenz. Daneben müssen die Bedarfe aller aggregiert werden, um einen Gesamtbedarf abzubilden. Als besonders effektiv hat sich eine Planungskoodination in den vorhandenen Verantwortungsbereichen erwiesen.

7.10 Optimierungsziele für die Gießereien

Einsatz eines Advanced Planning Systems

Im Fokus ist die Verbesserung der Anlagenauslastung und Reihenfolgeplanung, die Vermeidung von Werkzeugwechsel, die Optimierung auf Termintreue und die Berücksichtigung der Verfügbarkeit von Werkzeugen (Abbildung 7.7). Zum Einsatz kommt ein Advanced Planning System (APS), das nach intensiver Prüfung ausgewählt worden ist. Ein

Online Verbindung zum ERP

Prototyp mit den fixierten Abläufen zeigte bei den verglichenen Systemen keine erkennbaren Unterschiede in der Funktionalität. Allerdings stellt sich die Online-Verbindung zum ERP-System als wesentliche Eigenschaft heraus, die sicherstellt, dass die Produktionsfeinplanungen auch wirklich den Bedarfen entsprechen. Dieses war das Kernkriterium zur Auswahl von APO.

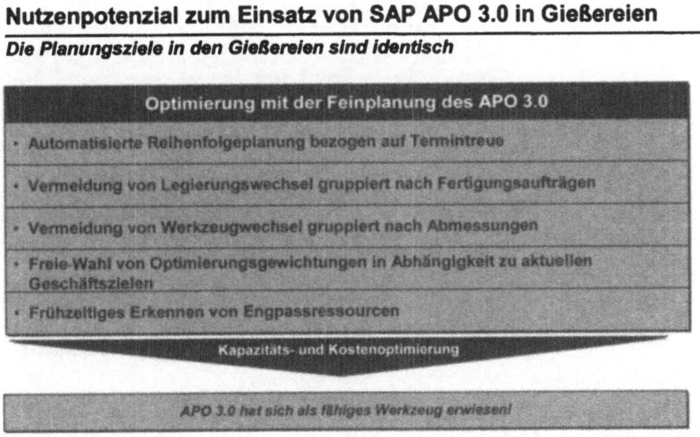

Nutzenpotenzial zum Einsatz von SAP APO 3.0 in Gießereien

Die Planungsziele in den Gießereien sind identisch

Optimierung mit der Feinplanung des APO 3.0

- Automatisierte Reihenfolgeplanung bezogen auf Termintreue
- Vermeidung von Legierungswechsel gruppiert nach Fertigungsaufträgen
- Vermeidung von Werkzeugwechsel gruppiert nach Abmessungen
- Freie Wahl von Optimierungsgewichtungen in Abhängigkeit zu aktuellen Geschäftszielen
- Frühzeitiges Erkennen von Engpassressourcen

Kapazitäts- und Kostenoptimierung

APO 3.0 hat sich als fähiges Werkzeug erwiesen!

Abbildung 7.7: Nutzenpotenzial

Bedienerfreundlichkeit

Ein weiterer wesentlicher Aspekt liegt in der Bedienerfreundlichkeit. Für den Mitarbeiter am System ist es sehr wichtig, dass er sich auf seinen bekannten Navigationsplattformen bewegen kann, und da hat APO in Verbindung mit SAP R/3 seine wesentlichen Vorteile voll ausgespielt. Die Key-User im Projekt waren zu diesem Zeitpunkt bereits Teammitglieder und konnten damit so ein gewichtiges Argument adressieren. Es zeigte sich, dass diese Entscheidungen in verschiedenste, Akzeptanz schaffende Bereiche gestrahlt haben. Nicht nur die Nutzung, sondern auch die Lernphase konnte für die Mitarbeiter so effizient gestaltet werden, was dem Kostenaspekt eines Großprojekts sehr zu Gute kommt.

7.11 Die Planungsrestriktionen und das Prozessmodell

Anlagenlayout

Grundlage für die realistische Darstellung des Prozessmodells ist die Abbildung des Anlagenlayout im System (Abbildung 7.8).

Typische Anlagenstruktur in einer *VAW* Gießerei

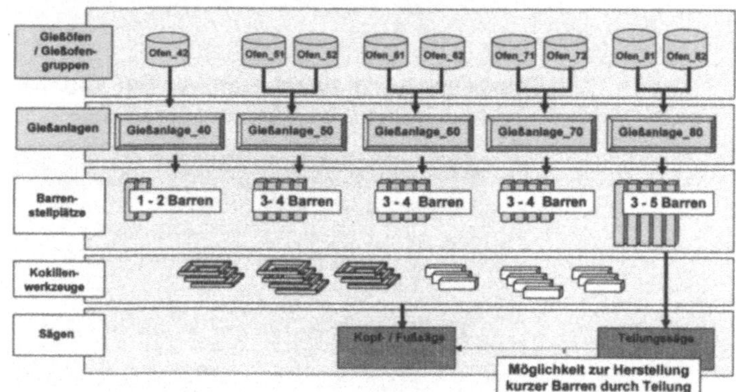

Abbildung 7.8: Typische Anlagenstruktur

Abbildung aller Abhängigkeiten

Zusätzlich werden alle Abhängigkeiten innerhalb des betrieblichen Umfeldes fixiert. Dazu gehört die Priorisierung bei den Anlagenbelegungen, die Darstellung der Prozessphasen und die Verfügbarkeit, der zum Einsatz kommenden Werkzeuge (Abbildung 7.9).

Die Stufen der Planung in den Werken berücksichtigen vier Vorgänge:

- Vorgang: Chargieren
  Mit Chargieren, Legieren, Qualitätsprüfung, Abstehen
- Vorgang: Gießen
  Mit Gießen, Qualitätsprüfung, Abkühlen
- Vorgang: Barrenstellplatz
  Mit der Barrenbelegung
- Vorgang: Kokille
  Mit der Verplanung der Werkzeuge wie Kokille und Angussstein

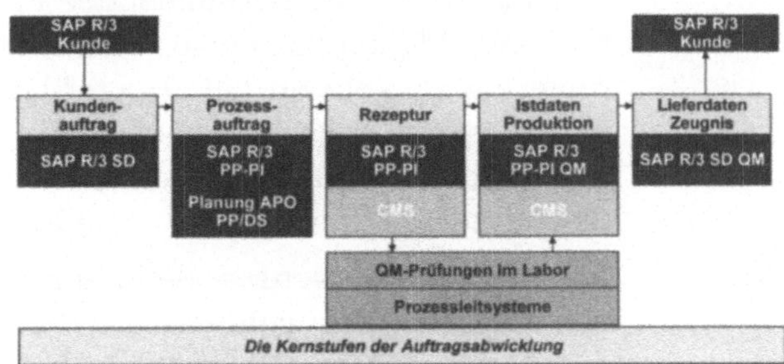

Abbildung 7.9: Prozessschritte

Abbildung der Prozessschritte in einem Produktionsprozessmodell

Alle in der Praxis vorkommenden Prozessschritte werden im Produktionsprozessmodell reihenfolgeorientiert abgebildet und mit den Anordnungsbeziehungen (AOB) geeignet verknüpft. Diese Modellierung bildet die Grundlage für die sinnvolle Nutzung des Tools in der Praxis zur Feinplanung der Gießereien. Die Optimierung mit den angebotenen Algorithmen führt dann, je nach Gewichtung der Optimierungsfaktoren, zu einer praxisgerechten Reihenfolgeplanung je Fertigungsanlage.

Ermittlung der Produktionsaufträge

Die Vertriebsorganisation lastet die Kundenbedarfe in das SAP R/3 System ein. Nachdem diese Daten in das APO System über die CIF 2000 Schnittstelle übergeben wurden, erfolgt zuerst ein Planungslauf nach Dispositionsstufen. Das Ergebnis wird an das SAP R/3 System übergeben. Nun liegen im System Produktionsaufträge vor, mit denen die weiteren Planungsschritte durchgeführt werden. Diese Planungen werden von dem Arbeitsvorbereiter in der Gießerei vorgenommen und beziehen sich auf die maximal fünf parallel angeordneten Fertigungseinheiten.

Finite Reihenfolgeplanung im PP/DS

Die finite Reihenfolgeplanung und die Anlagenbelegung erfolgt im APO Modul PP/DS.

Die wesentlichen Kriterien zur Optimierung lauten:

- Reihenfolgeplanung je präferierter Anlage
- Vermeidung von Werkzeugwechseln
- Vermeidung von Legierungswechseln

Planungshorizont eine Woche

Der Planungslauf bezieht sich auf einen Planungshorizont von einer Woche. Bestimmender Faktor ist der Liefertermin. Als Planungsstrategie wird eine Rückwärtsterminierung, mit Umkehr an der „Heute"-Linie, verwendet. In der Rüstmatrix sind die wesentlichen Parameter zur Ermittlung der Rüstdauer und Rüstkosten gewichtet worden. Sie bildet die Grundlage für die Arbeit des Optimierers.

Ressourcen

Als Ressourcen werden die komplette Fertigungseinheit, die einzelnen dazugehörenden Öfen und die Gießanlage mit den einzelnen Gießsträngen berücksichtigt. Zusätzlich sind alle Werkzeuge als Ressourcen eingebunden.

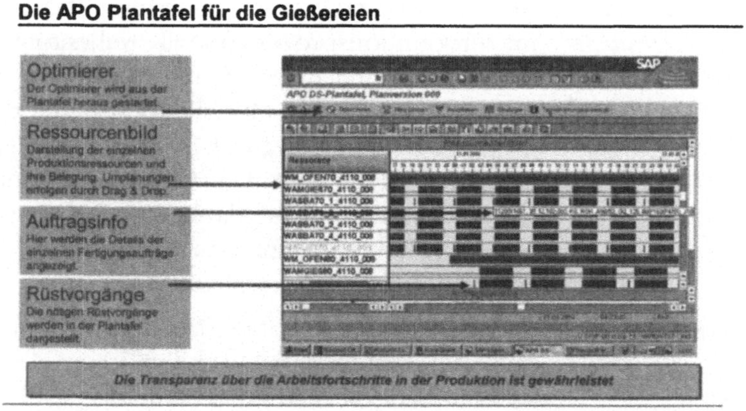

Abbildung 7.10: Plantafel

Plantafel

In der Plantafel wird das Ergebnis der Reihenfolgeplanung sichtbar (Abbildung 7.10).

Nach der Fixierung der Reihenfolge, manuelle Korrekturen sind noch möglich, werden die optimierten Reihenfolgen vom APO PP/DS an das SAP R/3 System über die CIF 2000 Schnittstelle übertragen.

Übergabe der Produktionsaufträge an die Subsysteme

Für die praktische Ausführung der Planaufträge in der Gießerei werden danach zwei Tageshorizonte mit ca. 150 Produktionsaufträgen an die ausführenden Subsysteme über eine weitere Schnittstelle zwischen SAP R/3 und den Subsystemen weitergeleitet. Von den ca. 80 Mitarbeitern in

Rückmeldung

der Gießerei werden diese Aufträge in einem vollkontinuierlichen Betrieb, 365 Tage im Jahr, 24 Stunden am Tag, abgearbeitet. Die Rückmeldung aller bestands- und kostenrelevanten Daten überträgt die Schnittstelle ereignisgesteuert von den Subsystemen zum SAP R/3 System (Abbildung 7.11).

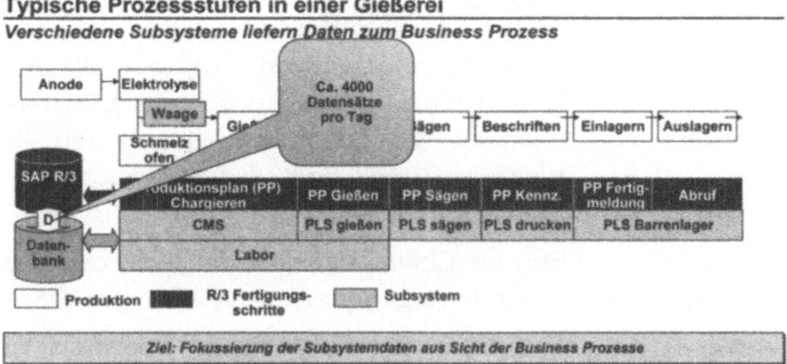

Abbildung 7.11: Prozessstufen

Stammdaten-integration

Eine weitere wesentliche Komponente ist die Stammdatenintegration zwischen dem SAP R/3 System und dem APO PP/DS. Sie erfolgt über die CIF 2000 Schnittstelle zum APO.

Als Stammdatum in SAP R/3 wird das Werk angelegt. Dieses wird im APO zur Lokation. Der SAP R/3 Materialstamm wird im APO zum Produkt, die Ressource mit der Kapazität aus SAP R/3 wird in APO zur Ressource und die Fertigungsversion mit dem Planungsrezept wird zum Produktionsprozessmodell (PPM).

Die Übertragung dieser Daten erfolgt nur einmalig vom SAP R/3 über die CIF 2000 Schnittstelle an das APO System. Nur bei Änderungen ist ein Auffrischen dieser Daten vorgesehen.

7.12 Erfolgsfaktoren

Erfolgsfaktor organisatorische Veränderungen

Die Nutzung des Systems ist nur dann Erfolg versprechend, wenn vor nötigen Änderungen in der Organisation nicht zurückgeschreckt wird. Hierbei ist der wichtigste Faktor sicherlich die Abstimmung entlang der Supply Chain durch die Personen, die einen Kommunikationsknoten (Single Point of Contact, SPOC) darstellen. Sie sichern auch die Zugänglichkeit der nicht im System abgebildeten Informationen ab. SAP R/3 stellt das durchgängige prozessorientierte Informationswerkzeug dar. Alle Änderungen werden vom APO aus dort hin gemeldet. Nutzer mit der entsprechenden Berechtigung bedienen sich dieser Informationsplattform und sind damit immer auf dem aktuellsten Informationsstand.

Supply Chain Management und der gezielte Einsatz von Optimierungsstrategien unterstützen dieses.

Verkürzung der Durchlaufzeit um 15%

Erhöhung der Kundenzufriedenheit schafft Freiräume für den Kunden durch Planungssicherheit. Er muss nur noch seine eigenen Probleme und Restriktionen bewältigen. Dadurch ergibt sich in Praxis eine Verkürzung der Durchlaufzeit um 15%. Als zusätzlicher Nebeneffekt wird die Planungssicherheit für den Endkunden, auf den alle Maßnahmen fokussiert sind, ebenfalls deutlich gesteigert.

Planungsregeln definieren den Umgang mit den Auftragsdaten. Der Dialog mit den Beteiligten muss so gestaltet sein, dass ein kontinuierlicher Verbesserungsprozess möglich ist. Dazu gehört auch, dass die Gründe für unruhige Planungen weiter analysiert werden. Darüber hinaus muss die Qualität des Planungsergebnisses analysiert werden. Fragen leiten sich daraus ab, wie z. B. warum ist ein Barren nicht in einem Los mit anderen Barren eingeplant worden, obwohl er noch hineingepasst hätte? War die Metallverfügbarkeit nicht gegeben oder war das benötigte Werkzeug belegt oder reichte die Metallmenge im Ofen nicht für die Summe aller Barren aus? Aufgrund dieser Erkenntnisse wird den Menschen, die mit dem System umgehen, transparent, dass es dem mathematischen Algorithmus egal ist, wer oder wann man sich seiner bedient, das Resultat ist glaubwürdig, vorausgesetzt die

das Resultat ist glaubwürdig, vorausgesetzt die Modellierung entspricht der Realität, die Stammdaten stimmen und das System wurde sinnvoll bedient.

Template

Die Übertragbarkeit ist sichergestellt. Die Vorgehensweise zur Erstellung eines Templates und der Ergänzung um die Standort spezifischen Aspekte, hat sich bewährt.

Kundenzufriedenheit >98%

Bestandsreduzierung um ca. 20%

Rüstreduzierung um 10-15%

Das System erfüllt die Anforderungen und bietet ein hohes Nutzenpotenzial. Doppelproduktionen kommen nicht mehr vor. Die Kundenzufriedenheit ist mit >98% sehr hoch. Im Lager liegt nur noch das, was auch wirklich benötigt wird. Damit konnte die Menge um ca. 20% reduziert werden. Durch die Planung mit langen Serien gleicher Produkte der gleichen Legierungen ergaben sich beim Rüsten ebenfalls Reduzierungen in der Größenordnung von 10-15%, abhängig vom Produktmix. Das wiederum hat Erhöhungen der Kapazitätsnutzung zur Folge.

Arbeiten alle beteiligten Einheiten konsequent mit, dann hat der interne und externe Kunde ein leichteres Leben. Man sollte den Wert dafür nicht unterschätzen, denn überall werden die Bedingungen komplexer und mit diesem Ansatz lassen sich die Prozesse ordentlich realisieren.

8 Optimierung der Supply Chain bei einem Markenartikelhersteller

Dr. Norbert Ketterer,
Dr. Ketterer – Logistik- und Applikationsberatung

8.1 Zusammenfassung

Dieser Beitrag behandelt ausgewählte Aspekte einer PP/DS Einführung eines Markenartiklers der Konsumgüterindustrie. Die Schwerpunkte des Beitrags liegen auf einer hierarchischen Form der Integration zwischen PP/DS und SNP und auf dem Einsatz von PP/DS-Kundenheuristiken zur Realisierung spezieller Planungsanforderungen.

8.2 Einleitung

Ein Markenartikler der Konsumgüterindustrie verwendet innerhalb SAP-APO die Module DP, SNP und PP/DS im Rahmen eines integrierten Planungsprozesses. PP/DS wurde Ende 2001/Anfang 2002 in drei deutschen Werken im Rahmen einer Kompletteinführung eingeführt, um das bisher verwendete COPICS abzulösen. Parallel zur Einführung von PP/DS wurden neue Funktionalitäten im angeschlossenen R/3-System eingeführt, um die operativen Elemente der Planungsprozesse zu unterstützen. Der vorliegende Beitrag liefert einen Überblick über die eingeführten PP/DS-Prozesse. Zusätzlich wird eine hierarchische Form der Integration zwischen SNP und PP/DS erläutert.

8.3 Anforderungen der Logistikprozesse an die SCM Software

8.3.1 Betrachtete Logistikprozesse

Die Supply Chain des Markenartikler umfaßt die folgenden wesentlichen Elemente (siehe Abbildung 8.1):

- Einige ausgewählte Kunden,
- Märkte und Distributionszentren,
- Werke, Lohnbearbeiter sowie sonstige Lieferanten.

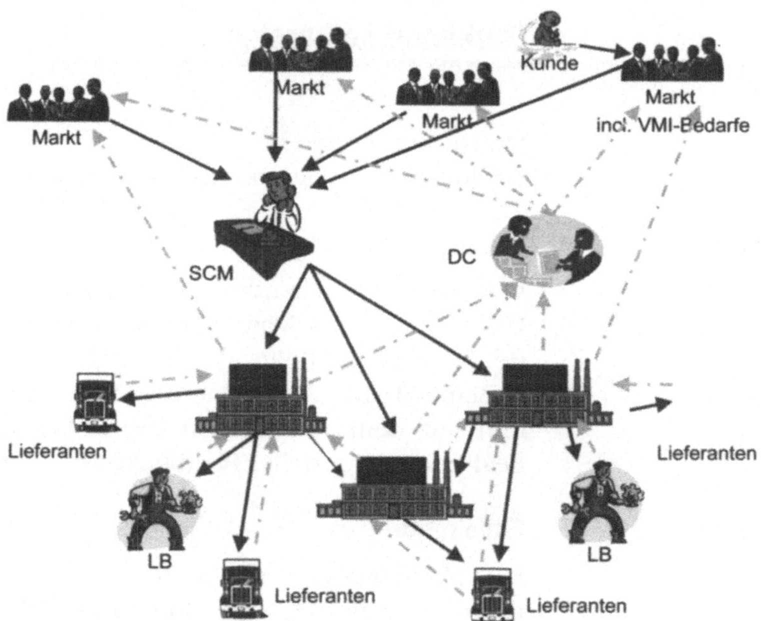

Abbildung 8.1: Supply Chain des betrachteten Markenartiklers

Sicht der Zentrallogistik

Die Supply Chain Planung umfaßt aus Sicht der Zentrallogistik die folgenden Bereiche:

- Die Märkte und ausgewählte Kunden – hier liegen Bedarfe aus Forecastberechnungen und aus aktuellen Kundenaufträgen vor.
- Die Distributionszentren – hier werden Bedarfe aus den Märkten zusammengefaßt und mit Hilfe einer Nettorechnung wird der Bedarf für die produzierenden Werke ermittelt. Es finden Deployment und Transportplanungen statt.

- Die Werke – hier liegen Bedarfe aus Märkten und aus Distributionszentren vor. Auf Werksebene soll bereits eine grobe Produktionsplanung durchgeführt werden.

Sicht der Produktionsorganisation

Aus Sicht der Produktionsorganisation umfaßt die Planung die folgenden Bereiche:

- Die Werke – hier findet die vollständige Auflösung des Produkts in seine Komponenten und Einplanung auf den Produktionsressourcen statt. Die detaillierte Produktionsplanung greift bis auf die Fremdbeschaffungsebene durch.
- Die Lohnbearbeiter – es findet eine Einplanung der Aufträge in Lohnbearbeiterlokationen statt. Die Lohnbearbeiter sollen somit explizit geplant und terminiert werden. Es muß also ein Lohnbearbeitungsmodell unter Verwendung einer eigenen Lohnbearbeiterlokation implementiert werden.

Alle diese Bereiche sind mit Hilfe des einzuführenden Supply Chain Management Systems explizit abzubilden und zu planen.

Die folgenden Prozesse sollen hier genauer betrachtet werden, da sie sich aufgrund ihres Anforderungsprofils als besonders kritisch für die Einführung des Produktionsplanungssystems erwiesen haben:

Kritische Prozesse für die Einführung des Produktionsplanungssystems

- die Planung der Endmontage und Verpackung
- die Planung der Leiterplattenfertigung und der Galvanik
- die Planung der Thermoplastik
- die Planung der Vormontage
- die Integration der Produktionsplanung mit der Planung der Zentrallogistik

8.3.2 Planung der Endmontage und Verpackung

Auf Seiten der Produktionsorganisation, die auch für die detaillierte Produktionsplanung zuständig ist, bestehen sehr spezielle Anforderungen bezüglich der Kapazitätsglättung und der Reihenfolgebildung auf ausgesuchten Ressourcen. Je nach Produktlinie handelt es sich bei diesen ausgesuchten Ressourcen entweder um die Verpackungsressource (diese Ressource produziert das verkaufsfähige Endprodukt), oder um die Endmontageressource (diese Ressource produziert das unverpackte Gerät).

Findet die Kapazitätsglättung und Reihenfolgebildung auf der Endmontageressource statt, soll das Ergebnis auf die Aufträge der Verpackungsressource propagiert werden, denn durch die Planung der Endmontageressource wird der Verfügbarkeitstermin für das unverpackte Gerät neu bestimmt; somit verändert sich auch der Termin des verpackten Geräts.

Hauptanforderung an Kapazitätsglättung und Reihenfolgebildung

Die Hauptanforderungen an die Kapazitätsglättung und Reihenfolgebildung sind:

- Die Ressourcen sollen finit geplant werden – zu einem Zeitpunkt soll auch nur ein Auftrag auf der Ressource liegen.
- Unabhängig von der bestehenden Last sollen die Ressourcen immer völlig gleichförmig innerhalb einer Periode ausgelastet sein – jedoch mit verschiedenen Intensitäten.
- Die Ressource soll sich dynamisch – in vorgegebenen Grenzen – an die aktuelle Auslastung anpassen.

Durch diese Festlegung ist man in der Lage, die Ressource und auch die Arbeitskräfte sehr genau in jeder Schicht der Periode einzuteilen (siehe Abbildung 8.2). Für die Reihenfolgebildung soll folgendes gelten:

- Die Planung dieser Ressourcen soll spezielle Reihenfolgealgorithmen verwenden, um – abhängig von einer Reihe von Faktoren, wie Rüstkosten und Materialflussglättung – einen optimierten Vorschlag für eine Produktionsreihenfolge zu ermitteln.
- Die Reihenfolge soll durch einen manuellen Eingriff von dieser Vorschlagsreihenfolge abweichen können. Eine erneute Einplanung soll dann bei der Reihenfolgebildung diese manuelle Reihenfolge berücksichtigen – auch wenn die Aufträge bei der Einplanung eine mengenmäßige Änderung erfahren haben.
- Steht die Endmontage im Fokus der Planung, soll eine Propagation der Termine von der Endmontage auf die Verpackung erfolgen.

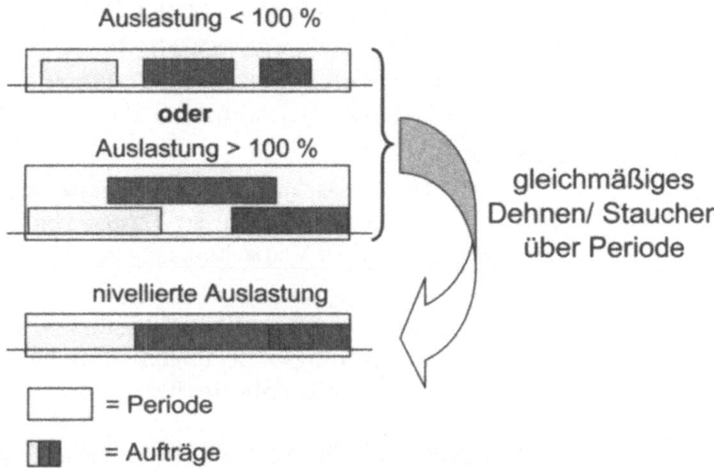

Abbildung 8.2: Anforderung an die Kapazitätsnivellierung

Durch eine Realisierung aller Anforderungen verspricht man sich nicht nur eine optimierte Auslastung der kritischen Ressourcen pro Periode, sondern auch eine Glättung des gesamten Materialflusses in der Fertigung.

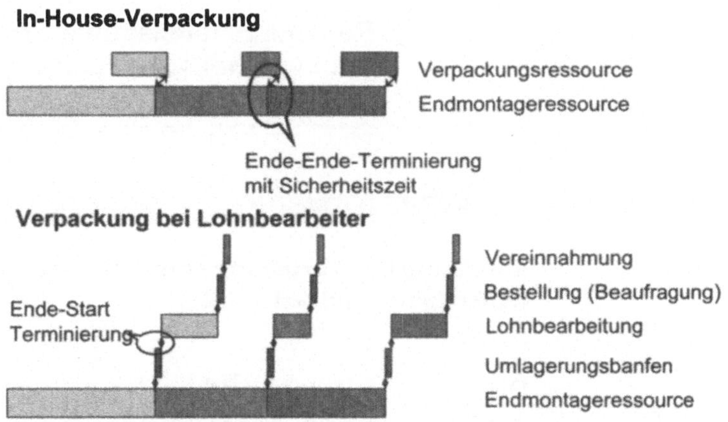

Abbildung 8.3: Verpackungspropagation der beiden wichtigsten Verpackungsszenarien

Findet die Nivellierung auf der Endmontageebene statt, ist die nachfolgende Verpackung termingerecht zu beauftragen. Die beiden wichtigsten Szenarien der Terminpropagation von der Endmontage auf die Verpackung sind (Abbildung 8.3):

- Die Verpackung findet In-House statt – propagiert werden muß lediglich der Termin von der Endmontageebene auf die Verpackungsebene.
- Die Verpackung findet nur bei einem Lohnbearbeiter statt – propagiert werden müssen, über mehrere Stufen, Umlagerungsbestellungen sowie mindestens ein Planauftrag beim Lohnbearbeiter.

8.3.3 Planung der Leiterplattenfertigung und Galvanik

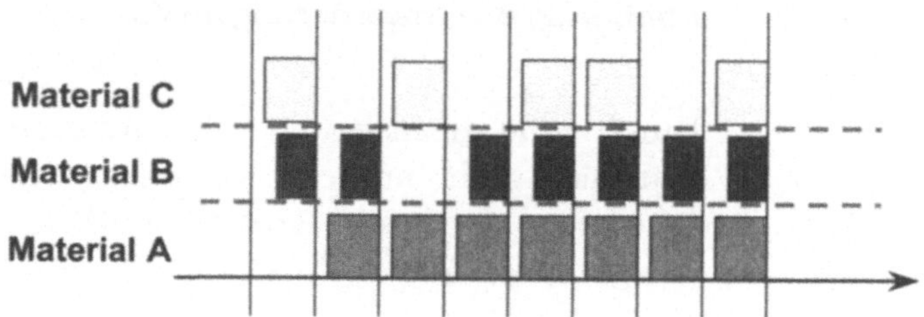

Ressourcenauslastung pro Material und hypothetische Gesamtbelastung

	Tag 1	Tag 2	Tag 3	Tag 4	Tag 5	Tag 6	Tag 7	Tag 8
Mat. C	100		100		100	100		100
Mat. B	100	100		100	100	100	100	100
Mat. A		100	100	100	100	100	100	100
Gesamt	15	30	35	30	40	40	30	40

Abbildung 8.4: Verteilung von Aufträgen in der Leiterplattenfertigung und Galvanik

Diese beiden Bereiche arbeiten mit Trägern, um Teile aufzunehmen um sie, beispielsweise im Fall der Galvanik, in ein Galvanikbad zu tauchen. Es existieren nicht beliebig viele Träger und bestimmte Träger können nur bestimmte Materialien aufnehmen. Es existiert somit eine scharfe

Grenze bezüglich der Stückzahl, die pro Material pro Schicht produziert werden kann. Belegt ein Material alle für das Material zur Verfügung stehenden Träger, können potentiell immer noch andere Materialien, für die andere Träger existieren, parallel ebenfalls in das Galvanikbad getaucht werden. Die obere Grenze der maximalen Ressourcenauslastung aus Sicht aller Materialien liegt also weitaus höher, als die obere Grenze der Ressourcenauslastung aus Sicht eines Materials (Abbildung 8.4).

Begrenzung der Menge pro Material und Schicht

Ziel ist es, die Stückzahl, die pro Tag und pro Material gefertigt wird, in der Planung scharf zu begrenzen. Es soll jedoch keine solche scharfe Grenze für die Gesamtauftragsmenge über alle Materialien hinweg geben, da diese Grenze auch in der Realität nicht so scharf ist.

8.3.4 Planung der Thermoplastik

In der Thermoplastik wird das Kapazitätsangebot nicht nur durch eine Ressource bestimmt, sondern immer auch durch das verwendete Werkzeug.

Parallele Berücksichtigung von Werkzeug- und Produktionsressourcen bei der Terminierung

Die spezielle Anforderung bei der Planung im Bereich der Thermoplastik besteht nun darin, parallel sowohl die Werkzeugressource als auch die Produktionsressource bei der Durchlaufterminierung durch je einen eigenen Vorgang zu berücksichtigen. Die Laufzeit des Gesamtauftrags soll dem Maximum der Laufzeiten der parallelen Vorgänge auf beiden Ressourcen entsprechen. Eine Einplanung eines anderen Vorgangs innerhalb der Laufzeit dieses Gesamtauftrags ist nicht erlaubt – weder auf der Produktionsressource noch auf der Werkzeugressource.

Auf diese Weise gehen bei der Terminierung eines Vorgangs zwei unabhängige Ressourcen ein. So wirkt sich die Verfügbarkeit oder der Nutzungsgrad des Werkzeugs unmittelbar auch auf die Einplanung anderer Vorgänge auf der Produktionsressource aus. Diese Anforderung läßt sich allerdings nicht über die Sekundärressource des Produktionsprozessmodells realisieren.

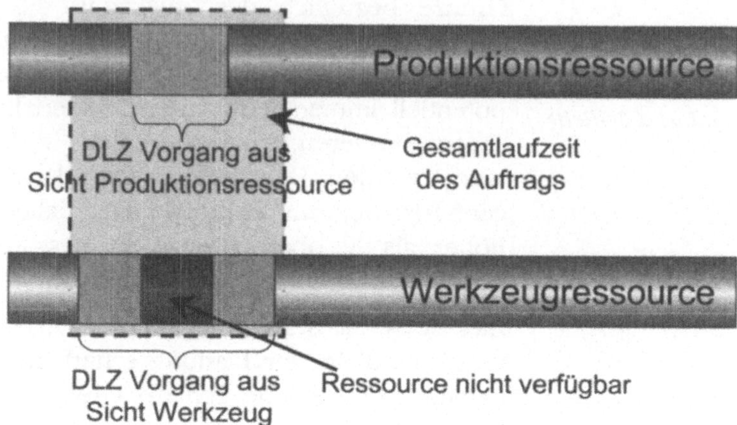

Abbildung 8.5: Simultane Berücksichtigung Ressource und Werkzeug

8.3.5 Planung der Vormontage

Die Vormontage besitzt lediglich die Anforderung, dass zu genau dem Bedarfstermin – abhängig von Losgrößenformeln und Sicherheitsreichweiten - ein Auftrag gebildet wird; die Auftragsbildung erfolgt unabhängig von der Ressourcenbelegung es kann dann später durch den Planer manuell nachgeplant werden – etwa zur Nivellierung.

Kontinuierliche Ausbringung der Ressource

Um jedoch ein möglichst realistisches Abbild des tatsächlichen Materialflusses wiederzugeben, soll die kontinuierliche Ausbringung der Ressource berücksichtigt werden. Es soll somit für einen Auftrag, der eine bestimmte Menge über den Zeitraum der Auftragsdauer erbringt, die Ausbringung bereits vor Ablauf des Auftrags berücksichtigt werden (Abbildung 8.6); die Gesamtmenge soll also nicht nur zum Laufzeitende dispositiv verfügbar sein, denn dies würde die Gesamtdurchlaufzeit unrealistisch erhöhen. Das Gleiche, wie für die Ausbringung soll auch für die Materialverbräuche von Aufträgen gelten.

Die Berücksichtigung von kontinuierlichen Ausbringungen und Verbräuchen soll sowohl in der automatisierten, als auch der manuellen Planung möglich sein.

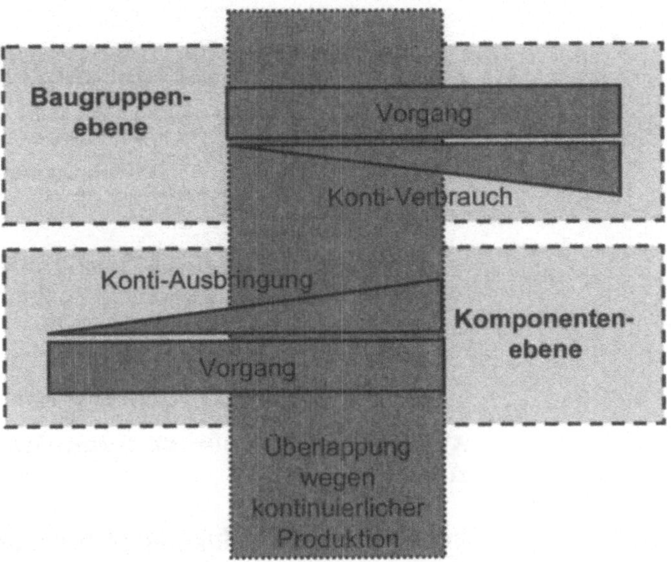

Abbildung 8.6: Terminierung innerhalb kontinuierlicher Mengenplanungen

Synchronisation Vormontage und Baugruppenfertigung

Des weiteren existieren Bereiche der Vormontage, die „synchron" zu den übergeordneten Baugruppenbereichen geplant werden sollen. Ein synchron geplanter Bereich wird durch den Produktionsplaner nicht weiter beachtet – er konzentriert sich auf die Planung der übrigen Bereiche die den synchron geplanten Bereichen ihre Termine und Auftragsdauern vorgeben. Die Durchlaufzeiten und die Endetermine der synchron geplanten Teile werden hierzu von der Baugruppe vererbt. Grundvoraussetzung ist hier selbstverständlich eine ausreichende Ressourcenverfügbarkeit für synchron geplante Teile.

Die synchrone Planung kann als Sonderfall der kontinuierlichen Planung betrachtet werden. Es ist dem Planer bewußt, dass keine Kapazitätsauswertung bei Ressourcen, auf denen synchron geplante Teile laufen, korrekt ist.

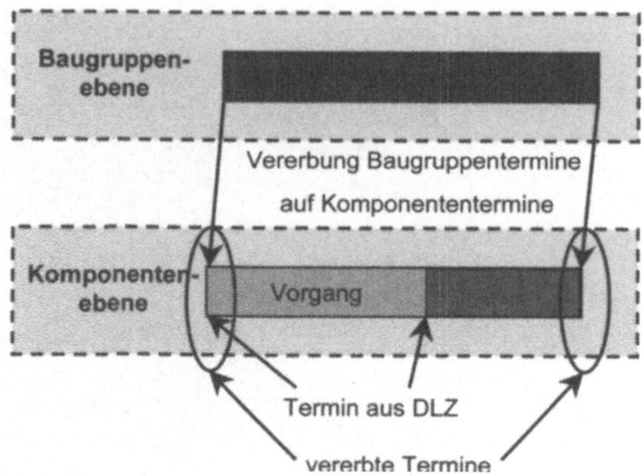

Abbildung 8.7: Synchrone Terminierung abhängiger Ressourcen

8.3.6 Integration der Produktionsplanung mit der Planung der Zentrallogistik

Betrachtet man die Bereiche der Produktionsplanung, erkennt man, dass es ein Ziel sowohl der Zentrallogistik, als auch der Produktionsorganisation ist, die Produktion in den Werken zu planen.

Planung der Zentrallogistik

Die Planung der Zentrallogistik in den Werken soll Kapazitätsrestriktionen berücksichtigen, um einen „ersten Überblick" über die Machbarkeit der Pläne zu erhalten und bereits eine Vorabnivellierung der geplanten Produktion durchführen zu können. Die Planung soll dabei auch Änderungen in einem kurzfristigen Horizont berücksichtigen; diese Berücksichtigung kann eine mehrfache Iteration der Produktionsplanung der Zentrallogistik erfordern, um einen optimierten Plan zu erhalten – ohne jedoch die aktive Planung der Produktionsorganisation zu stören.

Planung der Produktion

Die Produktionsplanung soll von der Produktionsorganisation gegen einen **konstanten** Bedarf, auf den sich die Zentrallogistik und die Produktionsorganisation gegenseitig verständigt haben, erfolgen. Die Produktionsorganisation soll – unter Zuhilfenahme seiner exakteren Modelle und Methoden – eine realistische Produktionsplanung erzeugen, die von der Zentrallogistik dann weiterverwendet

Hierarchisches Modell unterschiedlicher Planungsebenen

werden kann, etwa in Deploymentplanungen. Somit ergeben die Anforderungen an die Produktionsplanung ein hierarchisches Modell unterschiedlicher Planungsebenen (Abbildung 8.8).

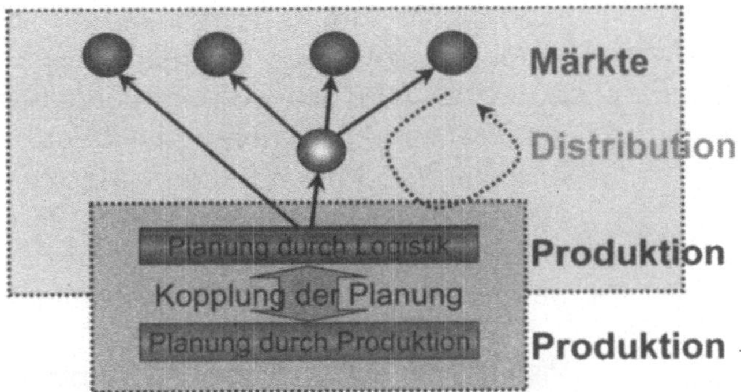

Produktionsplanung durch Logistik und Produktion **(eine Lokation)**

Abbildung 8.8: Zielarchitektur der hierarchischen Supply-Chain-Planung

Ein solches hierarchisches Modell wird durch die im Standard vorgesehene horizontale Integration zwischen SNP und PP/DS nicht getroffen.

8.4 Einsatz von SAP APO zur hierarchischen Supply Chain Planung

8.4.1 Betrachtete Logistikprozesse

Nach der Kompletteinführung des integrierten Planungsprozesses werden die Module von SAP APO wie folgt für die in Kapitel 8.2 skizzierten Logistikprozesse eingesetzt:

Einsatz von DP, SNP und PP/DS

- DP – Prognose der Markbedarfe, Integration von VMI-Bedarfen spezieller Kunden in die Marktbedarfe, Planung unter Verwendung des BW (Business Warehouse)
- SNP – Deckung der Marktbedarfe durch Umlagerungen, Weitergabe der Bedarfe an Distributionszentren und Werke, grobe Produktionsplanung in den Werken, Produktionsplanung außerhalb dem Produktionshorizont in

den Werken, Deploymentplanung über das gesamte Supply-Netz, TLB-Planung

- PP/DS – Detailplanung der Produktion in Werken und Lohnbearbeitern, Planung der Fremdbeschaffung

Produktionsfeinplanung im PP/DS, Grobplanung im SNP

Die im folgenden detaillierter betrachteten Prozesse zur Produktionsplanung verwenden PP/DS für eine detaillierte Produktionsplanung innerhalb des Produktionshorizonts. Zusätzlich wird SNP von der Zentrallogistik verwendet, um parallel zur Produktionsorganisation eine grobe Produktionsplanung durchzuführen. Die Produktionsorganisation verwendet SNP (genauer CTM) für eine Produktionsplanung außerhalb des Produktionshorizonts – dies jedoch unter Verwendung von PP/DS-Stammdaten!

8.4.2 Planung der Endmontage und Verpackung

Laut Kapitel 8.3.5 bestehen die Anforderungen an die Planung der Endmontage und Verpackung im wesentlichen in einer Kapazitätsnivellierung, einer Reihenfolgeplanung und einer Terminpropagation.

Entwicklung von Kundenheuristiken

Die Planungsanforderungen für Endmontage und Verpackung werden durch spezielle Kundenheuristiken realisiert, die – was so z.Zt. nur in PP/DS möglich ist – nahtlos in die übrige Planungsumgebung integrierbar sind.

Kapazitätsglättung pro Planperiode

Die Kapazitätsglättung pro Planperiode wird durch eine Feinplanungsheuristik realisiert, die die zu nivellierenden Vorgänge auf der Ressource selektiert, die Belegung nivelliert und dann die Vorgänge wieder auf der Ressource einplant. Die Heuristik nivelliert dabei die Ressource - in einem vorgegebenen Rahmen von Auslastungen - so dass keine Schwankungen von der Durchschnittsauslastung auftreten können. Ergebnis dieser Nivellierung ist eine pro Periode völlig gleichförmig ausgelastete Ressource, die die gesamte Periode kapazitiv belegt (Abbildung 8.9).

Reihenfolgebildung

Eine Reihenfolgebildung erfolgt mit Hilfe von Sortierheuristiken und einer manuellen Reihenfolgeheuristik – letztere ähnelt der manuellen Reihenfolgeheuristik des APO-Standards. Um zu gewährleisten, dass die gewählten Reihenfolgen durch eine Neuplanung nicht zerstört werden, erfolgt die Einplanung von reihenfolgegeplanten Ressourcen mit Hilfe einer Kundenheuristik, die die im Produktstamm eingetragen Heuristik aufruft und danach die Ausgangsreihenfolge – so weit wie möglich – rekonstruiert.

Ressource vor Nivellierung

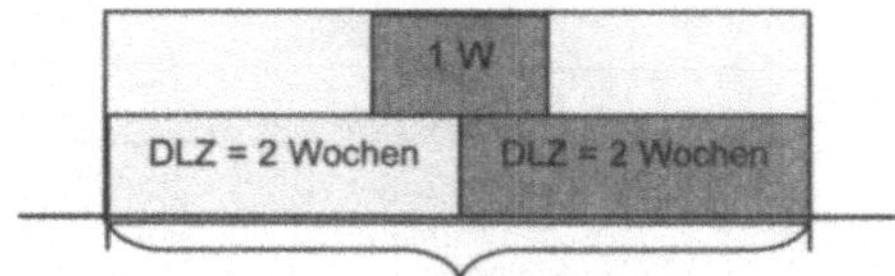

Periodendauer = 4 Wochen

Angebot = 4 Wochen, notwendig = 5 Wochen

=> Angebotsvariante = 125 % pflegen

Ressource nach Nivellierung

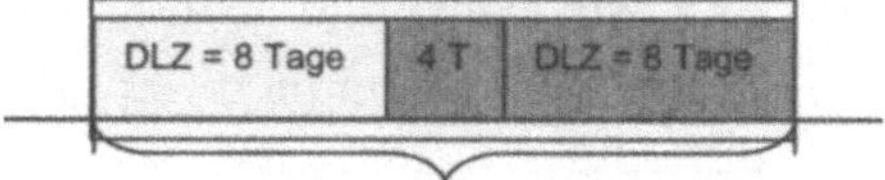

Periodendauer = 4 Wochen

Abbildung 8.9: Ressourcenbelegung (Überlast) vor und nach Nivellierung

Propagationsheuristik für die Planung der Verpackung

Der nächste Schritt in der Planung der Endmontage und Verpackung besteht nun darin, die Belegung von reihenfolgegeplanten Endmontageressourcen auf die Verpackungsebene zu propagieren. Die Propagation erfolgt durch eine Propagationsheuristik, die aus den Terminen der Endmontageplanung Vorschläge für die Verpackungsplanung ermittelt. In einem kurzfristigen Horizont kann dann das Ergebnis der Propagation verwendet werden, um eine Feinplanung der Verpackungsressourcen durchzuführen. Diese Planung wird vorgangsfixiert (Abbildung 8.10).

Bei der Propagationsheuristik (sie ähnelt der Standard Bottom-Up-Planungsheuristik) werden für jedes Material die Zugänge der betrachteten Periode gesammelt und es wird an Hand der Mengen ermittelt, welche Bedarfe die Aufträge verursacht haben. Dabei wird berücksichtigt, dass der erste Auftrag der Periode aufgrund eines Bestandes potentiell geringer sein kann – es kann sogar sein, dass dieser Auftrag bereits nicht mehr existiert.

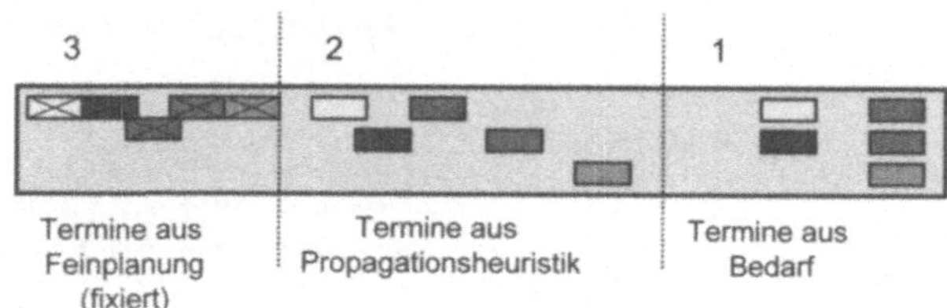

Abbildung 8.10: Propagierte und feingeplante Verpackungstermine

8.4.3 Planung der Leiterplattenfertigung und Galvanik

Restriktion maximale „Tagesmenge" pro Material

Die Anforderung an die Planung der Leiterplattenfertigung und die Galvanik besteht laut Kapitel 8.3.3 in einer Begrenzung der täglich zu produzierenden Auftragsmenge auf eine „Tagesmenge".

Die Begrenzung der Auftragsmenge in der Galvanik und Leiterplattenfertigung erfolgt mit Hilfe einer Feinplanungsheuristik, die eine infinite Einplanungsstrategie benutzt, um zu vermeiden, dass die Ressource durch Belegung durch ein Material „A" für ein Material „B" bereits völlig belegt ist. Die Heuristik achtet in einem eigenen Schedulingalgorithmus darauf, dass für ein Material nicht mehr als eine „Tagesmenge" pro Tag eingeplant wird. Durch eine maximale Losgröße im Materialstamm wird erzwungen, dass in einem Auftrag eine „Tagesmenge" nicht überschritten wird.

Nach Ausführung eines ersten infiniten PP-Planungsschritts wird i.d.R. eine Reihe von Aufträgen erzeugt, die bei einer diskreten Planung alle am Bedarfszeitpunkt liegen; bei einer kontinuierlichen Planung unterliegen die Aufträge bereits einer gewissen Verteilung. Nach Ausführung einer Feinplanungsheuristik werden die Aufträge so in die Vergangenheit geschoben, dass das Nivellierungsziel erreicht ist. Teilaufträge, deren Menge unterhalb der Maximallosgröße (Tagesmenge) liegt, werden so pro Tag zusammengefaßt, dass die Menge nicht überschritten wird.

8.4.4 Planung der Thermoplastik

Simultane Berücksichtigung von Werkzeug und Produktionsressourcen

Die Anforderung an die Planung der besteht in einer simultanen Berücksichtigung von Werkzeug- und Produktionsressource.

Um dies umzusetzen, besteht ein Auftrag der Thermoplastik immer aus einem „Vorgangspaar", welches durch seine Anordnungsbeziehungen so verknüpft ist, dass die Gesamtdurchlaufzeit des Auftrags immer durch die Durchlaufzeit beider Vorgänge bestimmt wird.

Innerhalb der Laufzeit des Auftrags dieses Gesamtkonstrukts ist kein anderer Vorgang auf der Werkzeugressource oder der Produktionsressource einplanbar, da dies durch ein entsprechendes Kennzeichen in dem verwendeten Produktionsprozessmodell verhindert wird.

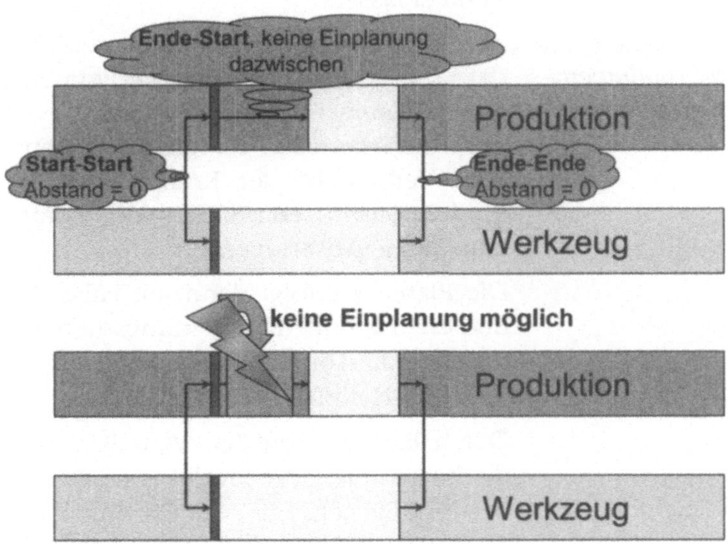

Abbildung 8.11: Verkettung von Produktionsressource und Werkzeugressource

Eine Beispielverkettung hierfür zeigt Abbildung 8.11 – hier wird die Verkettung durch eine Start-Start-Beziehung mit Abstand „0" auf Rüstaktivitäten, eine Ende-Start-Beziehung, in die kein Vorgang geplant werden darf, zwischen Rüst- und Produktionsvorgang und eine Ende-Ende-Beziehung mit Abstand „0", die zwischen den Produktionsvorgängen liegt, erzwungen.

Eine Beachtung der Restriktionen bezüglich der Auftragsanlage kann nun durch eine finite Planung erzwungen werden.

Ergebnis ist eine Belegung der Ressource, bei der Werkzeug und Produktionsressource gleichermaßen berücksichtigt werden.

8.4.5 Planung der Vormontage

Die Anforderungen an die Planung der Vormontage lassen sich in der Berücksichtigung der kontinuierlichen Produktion sowie der Realisierung der synchronen Planung zusammenfassen.

Berücksichtigung der kontinuierlichen Produktion

Zur Realisierung einer kontinuierlichen Planung wird in der Vormontage das Standardvorgehen zur kontinuierlichen Planung verwendet. Hierzu wird in den Produktionsprozeßmodellen für die Baugruppen ein „kontinuierlicher Verbrauch" der Komponenten eingetragen; in den Produktionsprozeßmodellen der Komponenten eine „kontinuierliche Ausbringung".

Die Planung erfolgt dann mit Hilfe der Konti-IO-Heuristik und einer infiniten Einplanungsstrategie oder – je nach Material – einer durch Customizing veränderten Unterart der Konti-IO-Heuristik.

Durch Einblendung der „verteilten Mengen" in den periodischen Sichten zur Produktionsplanung (beispielsweise in der Produktsicht oder der Produktplantafel) und Kumulation der Bedarfszeile läßt sich zudem ein exakter kumulierter Bedarf je Bucket der periodischen Sicht ableiten, den der Planer im Rahmen der manuellen Planung verwenden kann (siehe Abbildung 8.12).

In diesem Beispiel sind für eine Komponente zwei verteilte Bedarfe vorhanden: einer der Bedarfe resultiert aus einem Planauftrag über 10000 Stück, einer aus einem Planauftrag über 3000 Stück. Der Planer hat diesen Bedarfen – unter Zuhilfenahme der verteilen kontinuierlichen Mengen - vier Aufträge zu 3000 Stück und einen über 1000 Stück entgegengestellt.

Resultat ist eine automatisierte Planung, die die kontinuierlichen Ausbringungen und Verbräuche berücksichtigt. Wird eine manuelle Planung durchgeführt, ist auf Basis der kumulierten verteilen Bedarfe sichtbar, welcher Bedarf pro Tag zu decken ist.

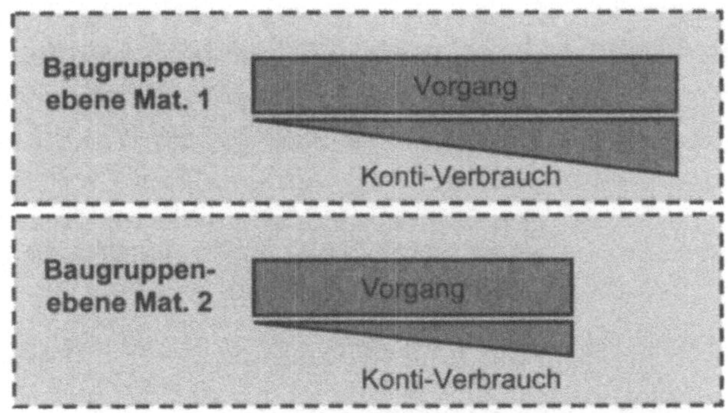

	Tag 1	Tag 2	Tag 3	Tag 4	Tag 5	SUMME
Auftrag Mat. 2					10000	10000
Auftrag Mat. 1			3000			3000
Bedarf aus Mat. 1	1000	2500	2500	2500	1500	10000
Bedarf aus Mat. 2	500	1000	1000	500		3000
Bedarf kumuliert	1500	3500	3500	3000	1500	13000
Aufräge Kompon.	3000	3000	3000	3000	1000	13000

Abbildung 8.12: Beispiel von verteilte kumulierte Mengen in einer periodischen Sicht

Realisierung der synchronen Planung

Zur Realisierung der synchronen Planung wurde eine Kundenheuristik erstellt, die auf der Standard-Heuristik zur kontinuierlichen Planung basiert. Ihre Hauptaufgabe besteht jedoch darin, die Start- und Endtermine der Baugruppe zu ermitteln und einem User-Exit in der Auftragsverbuchung zu übergeben. Der User-Exit liest aus dem Live-

Cache Information, um die Modusdauer des Planauftrags so ändern zu können, um die gewünschte Live-Cache-Terminierung zu erreichen.

8.4.6 Integration der Produktionsplanung mit der Planung der Zentrallogistik

Kapitel 8.3.6 beschreibt eine Konkurrenzsituation zwischen der Produktionsplanung der Zentrallogistik und der Produktionsorganisation. Die Konkurrenzsituation der Produktionsplanung wird dadurch aufgelöst, dass Teile der SNP-Planung in eine Planversion ausgelagert werden.

Planung des gesamten Distributionsnetzes in einer Simulation

In der Simulationsversion findet eine Planung des gesamten Distributionsnetzes bis inklusive der Produktion in den fertigenden Werken statt – der Produktionshorizont kann hier so sehr „kurz“ gewählt werden. In der aktiven Version wird ein „langer“ Produktionshorizont gewählt. Somit kann hier eine SNP-Planung nur bis „vor“ die fertigenden Werke durchgeführt werden. Deployment- und Transportplanungen können jedoch in der aktiven Version stattfinden, da diese zeitkritisch sind und die Produktionsplanung nicht unmittelbar verändern.

Rückübertragung der Planungsergebnisse in die aktive Version

Eine Rückübertragung der Planungsergebnisse von der Simulationsversion in die aktive Version wird wie folgt durchgeführt:

Die Planaufträge werden vom Auftrags-LiveCache in ein Zusatzmerkmal der Simulationsversion des Zeitreihen-Live-Cache übertragen. Dabei werden die Planaufträge in eine Zeit-Mengen-Beziehung verdichtet. In einem nächsten Schritt werden die Zeitreihen von der Simulationsversion in die aktive Version kopiert und dann durch Übertragung in eine Bedarfskategorie des Auftrags-Live-Cache wirksam gemacht werden. Eine Kopplung der Planungen der Simulationsversion und der aktiven Version erfolgt somit einerseits durch eine Kopie, andererseits durch eine „Umwandlung“ von einzelnen Planaufträgen in Primärbedarfe (siehe Abbildung 8.13).

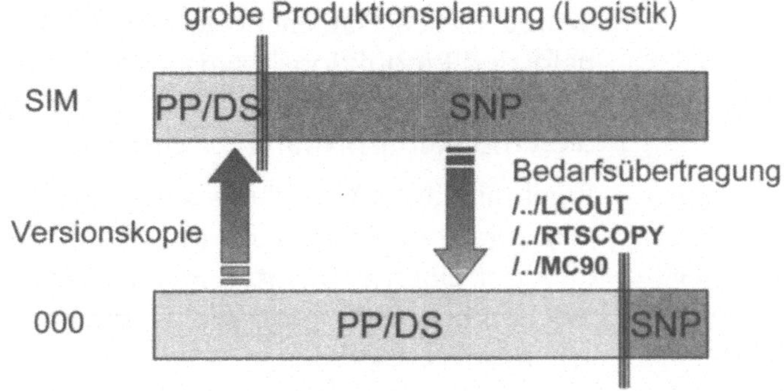

Abbildung 8.13: Hierarchische Kopplung zwischen Logistik und Produktion

Die oben beschriebene Rückübertragung ist hier der einzig zulässige Weg, Bedarfe an die Produktionsplanung in PP/DS zu übergeben. Eine Änderung der Planungsdaten aufgrund von Deploymentläufen oder Planungen in bedarfsverursachenden Lokationen wird durch Setzen des „Ignore-Pegging-Flags" auf der Bedarfsseite der bedarfsverursachenden Umlagerungsbestellung verhindert (Abbildung 8.14).

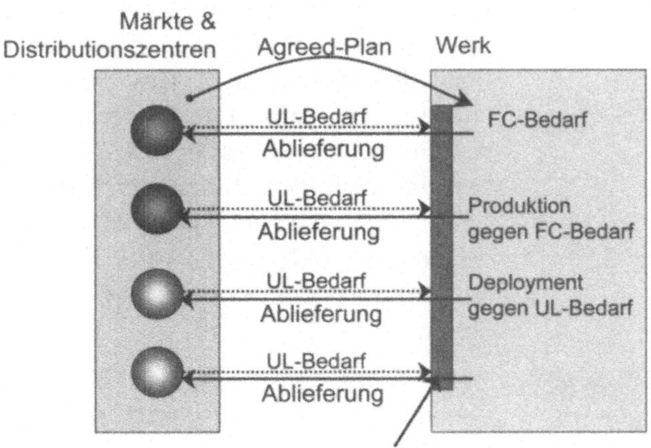

Abbildung 8.14: Bedarfsentkopplung durch Pegging Flag

Würde dieses Flag nicht gesetzt, wären die Bedarfe innerhalb der Produktionslokation verdoppelt und die kleinste Änderung von Marktbedarfen würde sich unmittelbar auf die Produktionsplanung durchschlagen.

Synchronisation der Planungsebenen im Rahmen des wöchentlichen Planungszyklus

Ergebnis dieses Vorgehens sind zwei entkoppelte Planungen derselben Produktion in verschiedenen APO-Modulen, die über einen definierten Mechanismus im Rahmen eines wöchentlichen Planungszyklus immer wieder miteinander synchronisiert werden

8.5 Sonstige IT-technische Aspekte des Projektes

8.5.1 Anforderungen an die CIF-Schnittstelle

Für CIF existieren die folgenden Anforderungen:

- Einschränkung der Veröffentlichung: Um den Übertragungsaufwand zwischen APO und R/3 innerhalb eines Planungslaufs möglichst gering zu halten, soll die Veröffentlichung durch CIF auf die wirklich notwendigen Objekte eingeschränkt werden.
- Stammdatenpflege: CIF soll bei der Anlage von Stammdaten unterstützen.

8.5.2 Einschränkung der CIF-Veröffentlichung

Eine Neuplanung kann für diesen Markenartikler bedeuten, dass einige 100.000 Bedarfsdecker neu angelegt werden. Für CIF bedeutet dies, dass einige 100.000 Löschungen für alte Aufträge und etwa in der gleichen Größe Neuanlagen für die neuen Aufträge von APO nach R/3 und zurück übertragen werden. Einerseits würde diese Veröffentlichung durch ihre extreme Laufzeit den Planungslauf sehr stark verlängern, andererseits ist es nicht notwendig, sehr weit in der Zukunft liegende Aufträge jede Nacht neu zu veröffentlichen.

Einschränkung der zu übertragenden Daten

Aus diesem Grund wird die Veröffentlichung durch einen User-Exit so eingeschränkt, dass nur die wirklich in R/3 notwendigen Daten übertragen werden.

8.5.3 Verwendung von CIF zur Stammdatenpflege

Eine Reihe von Produktstammdaten sind so APO spezifisch, dass sie nicht in R/3 vorhanden sein können. Eine manuelle Pflege ist jedoch auch sehr aufwendig, weshalb sie initial mit Defaultwerten belegt werden sollen. Eine Pflege von Stammdaten in Lohnbearbeiterlokationen findet durch Standard-CIF überhaupt nicht statt. Auch hier soll die Pflege deshalb automatisiert erfolgen.

Pflege von Default-Werten im R/3

Um Produktstammfelder initial pflegen zu können, die nicht aus R/3-Materialstammfeldern gefüllt werden können, werden in einer Kundentabelle Default-Werte für ausgesuchte Felder hinterlegt und bei einer Übertragung per CIF gepflegt.

Das verwendete Modell der Lohnbearbeitung über mehrere Lokationen erfordert einen hohen Stammdatenpflegeaufwand, der nicht Teil des CIF-Standards darstellt. Beispiele hierfür sind Produktstämme für Baugruppe und Komponenten, Transportbeziehungen sowie das Produktionsprozessmodell in der Lohnbearbeiterlokation.

Diese Stammdatenpflege wird innerhalb dem Produktionsprozessmodell-User-Exit in APO durchgeführt. Basis ist im wesentlichen die Information des R/3-Arbeitsplans.

8.6 Erfahrungen mit dem Einsatz von APO

Durch den Einsatz von APO ließen sich die betrachteten Logistikprozesse in der gewünschten Form der unmittelbaren Abbildung der tatsächlichen Supply Chain erstmals realisieren. Ergebnis ist auch für Prozesse ohne unmittelbar operative Elemente eine erhöhte Aktualität und Transparenz, denn

Erhöhung der Aktualität und Transparenz

- DP verwendet Daten des BW, um die Forecastplanungen durchzuführen,
- SNP verwendet aktuelle Kundenaufträge sowie Forecasts der Märkte und aktuelle Bestände der Distributionszentren.

Für die Planung der Endmontage und Verpackung in PP/DS sowie der Planung der Leiterplattenfertigung und

Galvanik wird durch die nahtlose Integration der Kundenheuristiken in den Gesamtplanungsablauf – die so beispielsweise in R/3-PP nicht möglich ist – verbunden mit der ebenfalls neuen finiten Planung, es möglich, die gewünschten Optimierungen technisch sauber in das Gesamtsystem zu integrieren.

Nivellierte und reihenfolgeoptimierte Planung

Resultat ist hier eine nivellierte, reihenfolgeoptimierte Planung der kritischen Ressourcen, die bereits den geamten Materialfluss in der Fertigung in einem gewissen Mass beruhigt.

Berücksichtigung von Werkzeugen bei der Planung

Im Bereich der Thermoplastik wird der wesentliche Vorteil durch die flexible Möglichkeit der Gestaltung von Anordnungsbeziehungen im Produktionsprozeßmodell erreicht. Auf diese Art wird es den Anwendern erstmals möglich, die Verfügbarkeit und Art des Werkzeugs bei der Terminierung im Planungssystem wirklich zu berücksichtigen.

Durchlaufzeitverkürzung

Die Vormontage ermöglicht mit Hilfe der kontinuierlichen Planung eine Durchlaufzeitverkürzung durch Berücksichtigung der kontinuierlichen Produktion, ohne beispielsweise die bedarfsverursachenden Aufträge hierfür künstlich aufsplitten zu müssen. In R/3-PP besteht zwar auch die Möglichkeit, über eine Verteilfunktion ein ähnliches Verhalten vereinfacht zu simulieren, jedoch wird dies nicht in der Planung berücksichtigt – lediglich in Anzeigefunktionen.

Valide Pläne von der Zentrallogistik an die Produktionsplanung

Die integrierte Planung der Zentrallogistik und der Produktion ermöglicht der Zentrallogistik die Produktionspläne im System zu validieren, bevor sie an die Produktionsplanung weitergegeben werden. Hinzu kommt, dass die Produktionspläne auch noch sehr aktuell sind, da in der SNP-Planung die aktuellen Kundenaufträge, Forecasts und Bestände eingehen. Die Aktualität ist auch in Deploymentfunktionen gewährleistet, da die durch PP/DS geplante Produktion direkt in SNP sichtbar ist und für Deploymentplanungen verwendet werden kann.

Die Integration mit CIF hat dem Markenartikler anfangs einige Schwierigkeiten bereitet, die sich im wesentlichen auf Fertigungsversionswechsel zurückführen lassen. Diese führten Anfangs zu Schiefständen zwischen APO und R/3 die sich im Rahmen von Rückmeldungen immer wieder unangenehm in APO „einschlichen“ und als Planungsfehler interpretiert wurden. Dieser Missstand ließ sich jedoch durch eine geschickte Implementierung eines CIF-User-Exits schlagartig beheben.

Aktuell werden Systemverbesserungen, Erweiterungen sowie erste Rollouts durchgeführt.

9

10 Empfehlungen für die erfolgreiche SCM Einführung mit dem SAP Advanced Planner & Optimizer (APO)

Matthias Bothe und Volker Nissen,
DHC Business Solutions GmbH

Nachfolgend haben wir aus unseren Projekterfahrungen 10 Empfehlungen für die erfolgreiche SCM Einführung mit SAP abgeleitet. Diese sind sicherlich nicht komplett, beinhalten aber aus unserer Sicht wesentliche Punkte, die den Erfolg einer APO-Einführung absichern. Ergänzend gelten selbstverständlich die üblichen Erfolgskriterien von IT-Projekten, wie etwa richtige Besetzung des Projektteams, frühzeitige und aktive Beteiligung der Betroffenen, klar abgegrenzter und stabiler Projektumfang, Vermeiden zu starker Orientierung am Altsystem, keine Vernachlässigung der Projektdokumentation, sowie klare Rollen und Verantwortlichkeiten während und nach dem Projekt.

1 SCM-Organisation und SCM-Philosophie unter der Berücksichtigung der Umsetzung mit SAP einführen

SCM-Denken verankern

SCM-Projekte sind in erster Linie Reorganisationsprojekte und erst in zweiter Linie IT-Projekte! Das beste SCM-Werkzeug nützt wenig, wenn im Unternehmen weiterhin eine funktionsorientierte Organisation existiert und kein SCM-Denken fest verankert wird. SCM-Projekte sollten daher auf keinen Fall nach einer kurzen Phase der Anforderungsdefinition mit der Auswahl eines geeigneten Werkzeuges beginnen. Solche Tool-getriebenen Projekte haben in der Vergangenheit immer dazu geführt, dass später mit erheblich höherem Aufwand die organisatorischen Aspekte des SCM nachgeholt werden mussten. Analysieren Sie daher zunächst sorgfältig Ihre bestehende Situation in der Logistik und suchen Sie nach Verbesserungspotenzialen. Viele Verbesserungsmöglichkeiten in Form sowohl von Quick als auch nachhaltigen Nutzeffekten liegen bereits auf der organisatorisch-technischen Ebene, zum Beispiel in den Bereichen Supply Chain Struktur einschliesslich Verteilung der Bestände, Artikelstrukturierung, Ebene des Entkopplungspunktes von anonymer und kundenbezogener Fertigung usw.

Verbesserungspotenziale identifizieren

Planen Sie genug Zeit für die Supply Chain Analyse und das Supply Chain Design in der Konzeptionsphase des Projektes ein. Hier investierte Zeit führt über die erzielten Verbesserungen oft zu sehr kurzen Amortisationszeiten für das Gesamtprojekt!

Möglichkeiten der SAP SCM Werkzeuge berücksichtigen

Planen Sie Ihre zukünftigen SCM-Prozesse jedoch nicht „auf der grünen Wiese", sondern haben Sie dabei immer die Möglichkeiten des geplanten SCM-Werkzeuges (wie SAP APO) im Blick. Wenn das IT-technisch Mögliche zulange außer Acht gelassen wird, besteht die Gefahr, dass später große Schwierigkeiten in der Umsetzung und hohe Kosten durch Anpassungsprogrammierung entstehen. Ihr Ziel sollte dagegen sein, möglichst nah am APO-Standard zu implementieren, weshalb die Möglichkeiten des Werkzeuges APO auch bereits in der Konzeptionsphase berücksichtigt werden müssen.

Möglichst nah am APO-Standard implementieren

Verankerung des SCM-Projekts in der Geschäftsführung

Sorgen Sie als Projektleiter dafür, dass ihr SCM-Projekt in der Geschäftsführung starke Unterstützung hat und ein oder mehrere Mitglieder der Geschäftsführung über den Projekt-Lenkungsausschuss in das Projektgeschehen eingebunden sind. SCM ist ein Thema von strategischer Bedeutung im Unternehmen. Gerade die organisatorische Seite eines SCM-Projektes kann weitreichende oder unpopuläre Entscheidungen zum Beispiel mit der Folge der Verschiebung individueller Kompetenzen erfordern. Sie brauchen als Projektleiter unbedingt einen Promotor in der Geschäftsführung!

2 Ziele der SCM Einführung eindeutig definieren und messen

Ein SCM-Projekt braucht klare Zielvorgaben. Häufig genannte Ziele im SCM sind z.B.

Eindeutige Definition der Ziele

- Bestände senken
- Durchlaufzeiten verkürzen
- Lieferfähigkeit erhöhen
- Supply Chain Kosten senken

Globale SCM-Strategie

Definition von Kennzahlen

Definieren Sie auf Basis einer globalen SCM-Strategie für Ihr Unternehmen die verfolgten Ziele eines SCM-Projektes genauer und legen Sie präzise und unternehmensweit einheitlich Kennzahlen (KPIs = Key Performance Indicators) zugrunde, mit denen Sie später den Erfolg des Projektes messen können. Halten Sie die aktuelle Situation in Form von Istwerten für diese KPIs fest und nutzen Sie gegebenenfalls Benchmarking, um ein objektives Bild der Logistikleistung Ihres Unternehmens zu bekommen. Berücksichtigen Sie alle Schlüsseldimensionen, also Qualität, Geschwindigkeit/Zeit sowie Kosten/Bestände. Legen Sie dann in Form von Soll-Werten für die KPIs fest, welche Verbesserungen Sie in welchem Zeitraum erzielen wollen. Berücksichtigen Sie dabei, auf welcher SCM-Evolutionsstufe sich Ihr Unternehmen heute befindet. Definieren Sie einen realistischen Entwicklungspfad, auf dem schrittweise Verbesserungen in definierter Höhe erreicht werden können. Messen Sie den späteren Projekterfolg an diesen Vorgaben.

3 Permanenten SCM-Verbesserungsprozess mit einem Supply Chain Controlling einrichten

Etablieren Sie einen permanenten Verbesserungsprozess im Supply Chain Management. Um erzielte Erfolge abzusichern und kontinuierlich weitere Verbesserungspotenziale aufzeigen zu können, sollte ein Supply Chain Controlling eingerichtet werden (s. Kapitel 1). Dies ist umso bedeutsamer, wenn Sie Teilgebiete der Logistik an Dienstleister fremdvergeben haben. Entwerfen Sie dazu ein auf die Bedürfnisse Ihres Unternehmens passendes Logistik Kennzahlensystem. Vermeiden Sie dabei jedoch, die Mitarbeiter des Unternehmens mit Dutzenden von Kennzahlen zu verwir-

Logistikkennzahlensystem

Fokussierung auf die wichtigsten Kennzahlen

ren. Analysieren Sie genau, welche Kennzahlen den Erfolg der kritischen Prozesse im SCM am besten widerspiegeln. Achten Sie darauf, dass die benötigten Daten in der geeigneten Frequenz und Qualität erhoben werden können. Sammeln Sie erst einige Erfahrungen in abgegrenzten Bereichen, bevor Sie ein Supply Chain Controlling in vollem Umfang konzipieren und aufbauen. Der mitgelieferte Business Content des SAP Business Warehouse (BW) macht es beispielweise möglich, mit moderatem Aufwand ein initiales Supply Chain Controlling einzurichten, das später weiter verfeinert werden kann.

Business Content des SAP BW

Balanced Scorecard

Prüfen Sie auch die Möglichkeit, eine Balanced Scorecard zur Operationalisierung Ihrer SCM-Strategie und Überwachung der erzielten Erfolge zu entwickeln.

4 Entlohnungssysteme (Bonus/Malus) und Verantwortlichkeiten anpassen

Entlohnungs- und Anreizsysteme SCM-konform gestalten

Um die SCM-Philosophie im Unternehmen fest zu verankern, müssen die Entlohnungs- und Anreizsysteme sowie Rollen und Verantwortlichkeiten in die Betrachtungen einbezogen werden. Sie können im ungünstigen Fall SCM stark behindern. Dies ist bei den meisten der heutigen Entlohnungssystem der Fall, die individuelle Leistung belohnen und damit eine lokale Optimierung zu Lasten anderer fördern. Drei Beispiele:

Drei Beispiele

- Wenn der Einkauf keine Bestandsverantwortung hat und Prämien nur für niedrige Einkaufspreise bewilligt werden, ist es wenig verwunderlich, wenn eine „Hamstermentalität" entsteht, die hohe Bestandskosten und eine potenziell schlechte Versorgung der Produktion nach sich zieht.
- Wird im Vertrieb nicht überprüft, wie gut die geplanten Absatzmengen mit den späteren Abverkäufen übereingestimmt haben, so besteht für Vertriebsmitarbeiter kein Anreiz, gut zu planen. Da die Ergebnisse der Absatzplanung wesentlicher Input für alle nachgelagerten Planungsaktivitäten sind, wird sich die schlechte Planungsqualität bis zur Produktions- und Verteilungsplanung fortsetzen. Ein häufig zu findendes Beispiel fehlender Abstimmung zwischen Vertrieb und Produktion betrifft

die geplanten Promotionsaktionen, die in der Produktion oft viel zu spät bekannt werden und dann zu „Terminjägern“ führen.

- Bei einer unternehmensinternen Supply Chain Struktur mit einer Zentrale und vielen weit verstreuten Niederlassungen führt eine dezentrale Planung der Nachbevorratung bei gleichzeitig schlechter Liefertermintreue der Zentrale und langem Zahlungsziel der Niederlassungen zwangsläufig zu überhöhten Beständen in den Niederlassungen. Überzogenens Sicherheitsdenken wird in diesem Szenario nicht bestraft.

Prozessorientiertes und holistisches Denken

Notwendig sind demgegenüber die Definition von Rollen und Verantwortlichkeiten sowie dazu passende Entlohnungssysteme, die prozessorientiertes und holistisches Denken sowie abteilungsübergreifende Teamarbeit fördern.

5 Prozessmodell Top-Down erstellen und Referenzprozesse nutzen

Prozessorientierter Ansatz

Jedes SCM-Einführungsprojekt sollte einen geschäftsprozessorientierten Ansatz verfolgen, da funktionales Denken im SCM fehl am Platz ist. Dazu gehört die Visualisierung der Logistikprozesse mit geeigneten Werkzeugen (beispielsweise MS Visio), um so zum Beispiel Engpässe, Systembrüche und Ineffizienzen besser identifizieren zu können. Im Rahmen der Prozessoptimierung empfehlen wir, Referenzprozesse im Sinne gut erprobter Standards als Ausgangspunkt zu nutzen. Die Referenzprozesse sollten den Möglichkeiten des später einzuführenden SCM-Werkzeuges (wie SAP APO) Rechnung tragen. Dabei kann zum Beispiel vom bekannten SCOR-Referenzmodell ausgegangen werden, das unterhalb der tiefsten Modellierungsebene dann auf APO-Funktionen heruntergebrochen wird. Auch andere Referenzmodelle, wie die der SAP AG oder der DHC GmbH, können genutzt werden. Hilfreich ist ein vom Groben zum Feinen gehender Modellierungsansatz, wobei vom Modellierungswerkzeug eine hierarchische Modellierungstechnik unterstützt werden muss. Die Projektdokumentation sollte gleichfalls um die einzelnen SCM-

Entwicklung eines Prozessmodells auf Basis von Referenzprozessen

Transparenz durch webbasierte Dokumentation

Prozesse herum aufgebaut werden. Wir empfehlen eine web-basierte Dokumentation mit intensiver Verlinkung der inhaltlich zusammengehörigen Dokumente (wie Anforderungsdokumentation, Fachkonzept, DV-Konzept, Testpläne, Testergebnisse, Customizing-Dokumentation usw.).

6 Mitarbeiterqualifikation: Supply Chain Management und APO

Ein entscheidender Erfolgsfaktor in der Einführung von einem Supply Chain Management mit dem SAP APO ist die Qualifizierung der Mitarbeiter. Diese hat zwei Aspekte:

Erfolgsfaktor Mitarbeiterqualifizierung

- Zum einen die Vermittlung der Supply Chain Philosophie und die Prozessorientierung im Unternehmen
- Zum anderen die Ausbildung der Mitarbeiter am APO in den für sie relevanten Funktionsbereichen

Einsatz von Logistik Planspielen

Für die Vermittlung der Supply Chain Philosophie eignet sich hervorragend der Einsatz von Logistik Planspielen. In diesen Planspielen wird spielerisch der Effekt des Aufschaukelns von Beständen bei einem funktionsorientierten Denken vermittelt. Planen Sie genügend Zeit am Beginn von SCM Projekten für solche Maßnahmen ein und integrieren Sie alle Schlüsselpersonen in Ihrem Unternehmen in diese Planspiele. Wenn bei allen Beteiligen die immensen Möglichkeiten eines Supply Chain Managements erkannt werden, ist eine tragfähige Grundlage für die Einführung geschaffen.

Intensive Ausbildung am System

Der zweite Bereich der Ausbildung am System ist wiederum APO-spezifisch und damit IT-typisch. Natürlich kann nur der Mitarbeiter, der ausreichend mit dem APO vertraut ist, auch die Möglichkeiten des Systems voll ausnutzen. Entscheidend im APO ist, dass der Planer erkennt, dass er in einem „Auftragsnetz“ hängt und er die angrenzenden Bereiche zumindest von den Grundkonzepten her kennt.

7 Zuerst Pilot und dann Roll-Out

Supply Chain Management Projekte sind komplexe Projekte, die nicht auf einen Schlag zu einem Supply Chain Management führen, sondern einen Prozess einleiten, in dem sich das Unternehmen kontinuierlich weiterentwickelt. Definieren Sie Pilotbereiche, in denen relativ schnell ein Supply Chain Management mit dem APO implementiert wird und sammeln Sie erste Erfahrungen. Eine erfolgreiche Einführung schafft auch den Rückhalt im Unternehmen für das weitere Ausrollen. Für die Auswahl des Pilotbereichs gibt es unterschiedliche Möglichkeiten: Einführung einer Teilfunktion des APO und dann Ausdehnung auf weitere Funktionen; z.B. zuerst die Absatzplanung und anschließend die Bestandsplanung mit einem ATP-Prozess. Die Einführung kann zuerst in einem Land erfolgen und dann auf weitere Länder und Geschäftsbereiche übertragen werden. Wichtig ist, dass zu Beginn des Projekts die einzelnen Schritte festgelegt werden und dann stufenweise, mit jeweiliger Überprüfung der Ergebnisse nach jeder Stufe, umgesetzt werden. Jeder Baustein des Supply Chain Management muss zum anderen passen.

Sammeln von Erfahrungen mit Pilotprojekten

Roll-Out: Stufenweise Umsetzung in überschaubaren Schritten

8 Prototypen im Rahmen der Einführung früh aufbauen

Überprüfung des Planungsmodells anhand von Prototypen

Bauen Sie frühzeitig im Projekt APO Prototypen auf. Dies ist noch wichtiger als bei einer R/3 Einführung, um zum einen die betroffenen Mitarbeiter frühzeitig an den APO heranzuführen. Zum anderen, um frühzeitig im Projekt ein Feedback zu bekommen, ob die erarbeiteten Planungskonzepte zu realitätsnahen Ergebnissen führen. Je näher die Planung an der Produktion liegt, desto komplexer werden i.d.R. die abzubildenden Restriktionen. Nichts führt schneller zu einem K.O. im Projekt, als wenn Ihnen der Planer nachweist, dass er mit einer Planung auf dem Papier in kürzerer Zeit ein besseres Planungsergebnis erzielt als der APO. Entscheidend für einen Prototypen ist nicht der Nachweis der Fähigkeit, dass Massendaten verarbeitet werden können (auch das kann natürlich ein kritischer Faktor sein), sondern die grundsätzliche Abbildung der Planungsrestriktionen im System.

Das Planen der Supply Chain mit dem APO verändert die Arbeit des Disponenten in zweierlei Hinsicht:

1. Die Planung wird rein rechnergestützt durchgeführt und die Planungsqualität in seinem Bereich erhöht sich.

2. Die Planung erfolgt integriert über die verschiedenen Dispositionsstufen. Die gesamten Planungszeiten verkürzen sich.

Simulation des zukünftigen Arbeitens der Planer am System

Diese beiden Aspekte gilt es in einem Prototypen anhand von beispielhaften Daten nachzuweisen. Wenn das nicht gelingt, ist das gesamte Einführungsprojekt gefährdet. Wenn es gelingt, hat der APO die Akzeptanz und schwierige Stellen im Projekt können gemeistert werden.

9 Saubere Funktionsverteilung zwischen den SAP Modulen festlegen

Funktions- und Datenverteilung zwischen R/3 und APO festlegen

Ein Hauptaugenmerk ist auf die Abgrenzung der Funktionen und Daten zwischen dem APO und dem R/3 zu legen. Legen Sie sauber fest, in welchem System welche Funktionen ausgeführt werden und welche Daten liegen. Der APO löst gewisse Funktionen im R/3 ab (z.B. den MRP Lauf). Daher ist bei einem „Aufsetzen" des APO auf ein bestehendes R/3 anders vorzugehen, als wenn der APO zusammen mit dem R/3 eingeführt wird. Im ersten Fall sind Funktionen im R/3 abzuschalten und Daten (z.B. Arbeitspläne und Stücklisten) zu erweitern. Im zweiten Fall ergibt sich automatisch die aufeinander abgestimmte Funktionsverteilung zwischen R/3 und APO in der Konzeption der Prozesse und Daten. Wo welche Funktionen laufen und welche Daten liegen, wird zu Beginn des Projekts zu intensiven Diskussionen führen. Gehen Sie von den Prozessen aus und definieren Sie in einem Prozessmodell sauber die Verteilung der Funktionen und Daten auf die einzelnen SAP Module, Systeme und Organisationen. Bestimmte Funktionen werden zentral durchgeführt, andere Funktionen dezentral. Erst wenn klar ist, wer in welcher Organisation mit welchen Funktionen arbeitet und die Verantwortung für welche Daten hat, ist ein Prozessmodell als Grundlage für die Einführung geschaffen (siehe auch Punkt 5).

Beschreibung in einem Prozessmodell

10 Standardisierung der Daten und Prozesse

Der Punkt neun leitet automatisch zu dem letzten Punkt über: der Standardisierung von Daten und Prozessen. Dieser Punkt ist auch im Zusammenhang mit Punkt 7 („Pilot und Roll-Out") zu sehen. Das R/3, also die „Ausführungsfunktionen" des Supply Chain Management, bildet die Basis für das standortübergreifende Planungssystem APO. Um standortübergreifend planen zu können, müssen die Daten (Stamm- und Bewegungsdaten) nach Struktur und Qualität auf eine Supply Chain Planung ausgerichtet sein. Mit der Einrichtung einer standortübergreifenden Planung werden dann „gläserne" Bestände und „gläserne" Produktionskapazitäten geschaffen, die zu einer drastischen Erhöhung der Produktivität führen. Schaffen Sie ein Template des R/3, das auf die Bedürfnisse des APO ausgerichtet ist, und rollen Sie dies in die einzelnen Organisationen (Werke, Länder) Ihres Unternehmens aus. Als nächster Schritt kann dann reibungslos eine standortübergreifende Supply Chain Planung im APO eingerichtet werden.

Stamm- und Bewegungsdaten im R/3 als Basis für eine standortübergreifende Supply Chain Planung

Die Autoren dieses Buches

Kai Aldinger

Dipl-Informatiker Kai Aldinger hat an der Universität Stuttgart Informatik mit Nebenfach Betriebswirtschaftschaftslehre studiert. Bevor er 1998 zur SAP AG kam hat er mehrere Jahre Erfahrung im Umfeld Produktion und Logistik gesammelt. Bei SAP arbeitete er zunächst im Produktmanagement und ist derzeit als Sales Executive für den Themenvertrieb SCM im Geschäftsbereich Fertigungsindustrie bei der SAP Deutschland AG & Co. KG verantwortlich.

Kontakt:
SAP Deutschland AG & Co. KG
Zeppelinstr. 2
D - 85339 Hallbergmoos
Tel. +49 (0)811 - 5545-514
kai.aldinger@sap.com
www.sap.de

Matthias Bothe

Matthias Bothe, Jg. 1964, ist Geschäftsführer der DHC Business Solutions GmbH, Saarbrücken. Die DHC ist ein international tätiges Beratungshaus mit dem Fokus auf der Realisierung von

- Supply Chain Management,
- Supplier Relationship Management und
- Customer Relationship Management Lösungen

auf Basis von SAP R/3 und der mySAP Business Suite.

Matthias Bothe hat 12 Jahre Erfahrung in der Logistik- und SCM-Beratung. Vor seiner heutigen Tätigkeit war er Vorstand der ESCATE AG und davor Mitglied der Geschäftsleitung in der IDS Scheer AG. Matthias Bothe war in dieser Funktion weltweit verantwortlich für den Bereich Supply Chain Management.

Kontakt:
DHC Business Solutions GmbH
Landwehrplatz 6 – 7
D - 66111 Saarbrücken
Tel. +49 (0)681 – 93 666-0
Fax +49 (0)681 – 93 666-33
bothe@dhc-gmbh.com
www.dhc-gmbh.com

Drazen Fackovic

Drazen Fackovic ist 27 Jahre alt, Dipl. Betriebswirt (BA), Fachrichtung Wirtschaftsinformatik, und seit 1995 bei Mahle beschäftigt. Er ist dort in der SAP-Anwendungsberatung und Anwendungsentwicklung im Bereich Produktionsplanung, Modul PP und APO tätig. Im Rahmen der APO-Einführung bei Mahle war Herr Fackovic Projektmitarbeiter im Bereich Produktionsplanung und zusätzlich verantwortlich für das APO-Modul PP/DS (Feinplanung).

Kontakt:
MAHLE Service GmbH, Abt. ISLP
Pragstr. 26-46
D - 70376 Stuttgart
Tel. +49 (0)711 – 501 - 3638
Drazen.Fackovic@mahle.com

Dieter Högner

Dieter Högner, geb. 1956, hat nach seiner Ausbildung zum physikalischen Werkstoffprüfer an der FH Aalen Werkstoffkunde und Metallveredelung studiert. In den folgenden Jahren hat er bei verschiedenen Automobilerstausrüstern im Schwerpunkt in der Werkstofftechnik und Schadensanalyse gearbeitet. Seit Mitte der 80er Jahre verantwortete er in verschiedenen Unternehmen das Qualitätsmanagement. Von Mitte 1999 bis Ende 2001 war er als Kernteammitglied im Projekt PRO21! der VAW aluminium AG verantwortlich für die Einführung der SAP R/3 Module PP-PI, QM, die Schnittstellen zu den Shop- Floor- Systemen (SFS) und für die parallele Einführung von SAP APO PP/DS. Heute arbeitet er als Supply Chain Management

Inhouse Consultant im Bereich IS/IT der Hydro Aluminium.

Kontakt:
Hydro Aluminium Deutschland GmbH
Ettore-Bugatti-Straße 6-14
D - 51176 Köln
dieter.hoegner@hydro.com

Dr. Norbert Ketterer

Dr. Norbert Ketterer ist Diplom-Informatiker und promovierte in Wirtschaftinformatik bei Prof. Dangelmaier. Er arbeitet als freiberuflicher SAP-Berater, wobei der Schwerpunkt der Beratungstätigkeit im Bereich Supply-Chain-Management mit SAP-APO und SAP-R/3 liegt.

Kontakt:
Dr. Ketterer - Logistik- und Applikationsberatung
Hanna-Kirchner-Str. 8
D - 66123 Saarbrücken
nk_scm@yahoo.de

Dr. Volker Nissen

Dr. Volker Nissen, Jg. 1965, ist als Direktor zuständig für den Bereich Supply Chain Management bei der DHC Business Solutions GmbH in Saarbrücken. Zuvor war er als Logistik-Berater und Projektmanager bei der IDS Scheer AG und danach als Beratungsleiter bei der ESCATE AG tätig. Dr. Nissen promovierte 1994 in Wirtschaftswissenschaften an der Universität Göttingen und publizierte zahlreiche wissenschaftliche Beiträge. Als Logistik-Berater mit Schwerpunkt SCM/SAP APO war er in verschiedenen Branchen, so im Maschinenbau, in der Konsumgüterindustrie, der chemischen und pharmazeutischen Industrie, der Automobilzuliefererindustrie, der Stahlindustrie und für Logistikdienstleister tätig.

Kontakt:
DHC Business Solutions GmbH
Landwehrplatz 6 - 7
D-66111 Saarbrücken
Tel. +49 (0)681 - 93 666-0

Fax +49 (0)681 - 93 666-33
nissen@dhc-gmbh.com
www.dhc-gmbh.com

Rainer Scheuring

Rainer Scheuring, geb 1961, studierte Elektrotechnik und arbeitet seit 1984 in der IT-Branche. Bei ZF Sachs ist er Leiter Informationssysteme Tochtergesellschaften. Zu seinen Aufgaben gehört die globale Gestaltung und kontinuierliche Optimierung von Geschäftsprozessen für das Zuliefer-Serien und Ersatzgeschäft der ZF Sachs Gruppe auf Basis der SAP Systeme. Daneben betreut er den weltweiten Rollout der ZF-Sachs Template Prozesse. Er war Projektleiter des APO-Einführungsprojektes bei ZF Sachs.

Kontakt:
ZF Sachs AG
IT Manager Subsidiaries
Ernst Sachs Strasse 62
D - 97424 Schweinfurt
rainer.scheuring@sachs.de

Michael Träger

Michael Träger ist Director IT bzw. Bereichs-CIO für das Segment Flexible Packaging innerhalb der Hydro Aluminium Deutschland GmbH. Als Gesamtprojektleiter für das Segment Flexible Packaging innerhalb der Hydro berichtet er direkt an das zuständige Vorstandsmitglied. Herr Träger wurde 1953 in Heidelberg geboren und studierte von 1972 bis 1978 Mathematik und Informatik an der RWTH Aachen mit Abschluss als Dipl. Mathematiker. Er ist seit 1984 mit zweijähriger Unterbrechung Mitarbeiter der VAW/Hydro.

Kontakt:
Hydro Aluminium Deutschland GmbH
Bereich Flexible Packaging
Georg-von-Boeselager-Straße 25
D - 53117 Bonn
Michael.Traeger@fp.vaw.com

Abkürzungsverzeichnis

4PL Fourth Party Logistics

ABAP/4 Programmiersprache der SAP
AM After Market
AOB Anordnungsbeziehungen
APO Advanced Planner&Optimizer
APS Advanced Planning System
ATP Available to Promise

BAPI Business Application Programming Interface
BDE Betriebsdatenerfassung
BI Business Intelligence
BW Business Warehouse

CIF Core Interface
CIO Chief Information Officer
CPFR Collaborative Planning, Forecasting and Replenishment
CPU Central Processing Unit
CRM Customer Relationship Management
CTM Capable to Match
CTP Capable to Promise

DLZ Durchlaufzeit
DP Demand Planning

ECR Efficient Consumer Response
EDI Electronic Data Interchange
ERP Enterprise Ressource Planning

FAUF Fertigungsauftrag
FCS First Customer Shipment

GATP Global Available to Promise

IMG Implementation Guide

KAUF Kundenauftrag
KPI Key Performance Indicator

LC LiveCache
LVS Lagerverwaltungssystem

MLATP Multi-Level Available to Promise
MM Material Management
MRP Material Requirements Planning

OE Original Equipment
OEM Original Equipment Manufacturer
OLTP Online Transactional Processing

PAUF Planauftrag
PLM Product Lifecycle Management
PM Plant Maintenance
PP/DS Production Planning/Detailed Scheduling
PPM Produktionsprozessmodell
PP-PI Production Planning —Process Industry

QM Quality Management

RFID Radio Frequency Identification

RPM Rapid Planning Matrix

SCC Supply Chain Cockpit

SCEM Supply Chain Event Management

SCM Supply Chain Management

SCOR Supply Chain Operations Reference

SD Sales and Distribution

SDM Supply and Demand Matching

SMI Supplier Managed Inventory

SNP Supply Network Planning

SPOC Single Point of Contacts

SRM Supplier Relationship Management

TCP/IP Transmission Control Protocol/Internet Protocol

TLB Transport Load Builder

TP/VS Transportation Planning / Vehicle Scheduling

TS Internet Transaction Server

TU Technische Universität

UB Unternehmensbereich

VMI Vendor Managed Inventory

WIP Work in Process

Abbildungsverzeichnis

Schlagwortverzeichnis

D

E

F

G

H

I

J

K

L

M

N

O

P

Q

R

S

T

V

W

X

Z

vieweg

vieweg